好種易活
盆栽種菜
全圖解

在家種菜
明明還這麼小株，
卻有菠菜的雛形了！
好可愛～
好像鬍鬚喔！
怎麼樣？
有很結實嗎？
拔蘿蔔
好緊張！
好香喔♥
來來來，
吃飯囉～
怎麼會
這麼可愛！
發芽了！
餐桌菜色
更豐富！

真好玩!!

從一開始的「長大了沒？」、「發芽了沒？」
一直到「長大了！」、「開花了！」、「結出果實了！」
觀察作物每天的變化，真的是幸福無比。
而且，最後體驗的「採收」過程，更是快樂又充實。
把自己親手種的菜吃進嘴裡的喜悅與滿足……
根本是從頭到尾都有趣到不行！
就像在照顧自己的孩子般，時時掛心是否有「健康長大」，
在家種菜，為生活增添許多預料之外的驚喜與樂趣。
只有初學者才能感受到的這份喜悅，請務必來體驗看看！

CONTENTS

蔬菜名索引

*按國語注音符號排序

栽種果實類

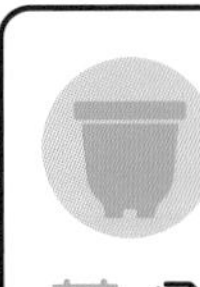

盆栽種菜的基礎知識

本書使用方法

介紹從栽種到應用的小知識。

按照栽種流程，搭配照片進行解說。此外，本書的目的是讓初學者也能輕鬆種菜，基本上都是使用幼苗來定植。不過有部分葉菜類和根莖類，從種子開始栽種會比較好，因此就會從播種開始培育。

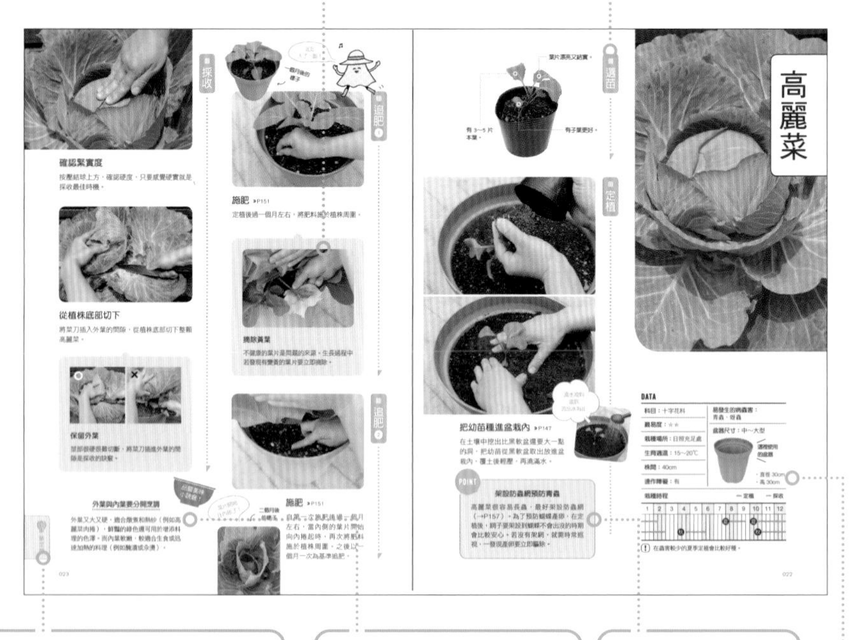

蔬菜的分類標示。本書主要分成以下四大項。
葉菜類：葉、莖和花苞可食用的蔬菜。
果實類：果實和豆莢可食用的蔬菜。
根莖類：根部可食用的蔬菜。
香草類：香草。

介紹作物採收後的料理小祕訣（節錄自池田書店出版，野崎洋光著作《品嘗美味的食材手帖》）。

介紹栽種時的注意事項與重點。

科目：介紹蔬菜的科名。以及有利於避免連作障礙等的資訊。

難易度：難易度分成下列三個階段。

★：簡單　★★：普通　★★★：困難

栽種場所：標示出栽種此作物適當的日照條件。

生育適溫：標示出此作物生長發育的最佳溫度。每年的氣溫都有所變動，作業時不僅要看年曆上的月分，也要適時觀察溫度的變化。

株間／列間：種植二株以上時，植株之間的距離就會以「株間」來表示。（由於盆栽只種一株會比較恰當，此資訊主要提供給想多種一點的人。）需要播種的作物，播種時溝與溝的間距就以「列間」來表示。

連作障礙：如果繼續種同一種作物或同科目的作物，可能會對後續的發育有影響時，就會以「有」來表示。這對擬訂栽種計畫時會很有幫助。

易發生的病蟲害：不同的環境下會有各式各樣的病蟲害，這裡只介紹常見的病蟲害。

盆器尺寸：介紹適合養育此作物的盆器大小。本書會用到的盆器尺寸分成以下三類。

[小型]	[中型]	[大型]
容量 3L 以下	容量 5～10L	容量 10～24L

這裡使用的盆器：標示出本書所使用的盆器規格。

栽種時程：播種、定植和採收的主要時期，以12個月分來表示。一年內可栽種二次的作物，會再個別標示出定植或播種時的季節名稱。此時程表是以種植在日本關東地區的品種為基準而定，但根據品種、栽種地區或當年氣候的不同會產生差異，時間管理請參酌台灣氣候環境而調整。

(!)：栽種時的注意事項與建議。

※依照地區、氣候和栽種環境的不同，縱使按照本書解說去操作，也可能出現蔬菜種不起來的情況。

盆栽種菜的事前準備

擬訂種菜計畫

不知道該如何安排你的家庭菜園嗎？第一步先想好要種什麼菜吧！再來確認適合種植的月分以及作業的時間，如此一來就能盡速決定好你的種菜流程喔！

＼　假設要安排一整年種的菜　／

〔　不同主題的栽種方案　〕

這是按照目的和需求來擬訂的栽種方案。
每一種蔬菜從定植或播種到採收，都以一條線來表示。

最適合初學者

小番茄方案

小番茄在家庭菜園中很受歡迎，是很適合新手的種菜選項。

1	2	3	4	5	6	7	8	9	10	11	12
	櫻桃蘿蔔										
			小番茄								
							小松菜				

不費時方案

長大需要一點時間，但不需要特別花時間照顧的根莖類，也很適合初學者。不用費時也能享受到採收樂趣喔。

1	2	3	4	5	6	7	8	9	10	11	12
	義大利香芹										
			青椒								
							蕪菁				

喜歡吃沙拉

可以直接生食的蔬菜，一整年都可以栽種。每次都能新鮮現採需要的分量來食用，最適合家庭菜園種植。

1	2	3	4	5	6	7	8	9	10	11	12
		貝比生菜									
			小黃瓜								
							橡葉萵苣				

想多方面嘗試

這種方案適合喜歡變化、享受新鮮感的人。一整年都能栽種不同形狀、顏色的蔬菜。

1	2	3	4	5	6	7	8	9	10	11	12
									草莓		
			四季豆								
		貝比生菜				紅蘿蔔					

希望隨時取用香草

想增添料理香氣時，隨手一摘便可使用，十分方便。適合那些憧憬生活被香草圍繞的人。

1	2	3	4	5	6	7	8	9	10	11	12
								蒔蘿			
			羅勒								
迷迭香											

※上述以日本關東地區為例

現在可以種什麼？

各種蔬菜的栽種時程表

這裡（P009～P011）將本書所收錄的所有蔬菜，按照國語注音的順序排列，並劃分出定植、播種和採收的時期。對於想搜尋想種的蔬菜，或擬訂種菜計畫時很有幫助。

─ 定植　─ 播種　─ 採收

	1	2	3	4	5	6	7	8	9	10	11	12
白花椰菜 »P020												
白菜（迷你種）»P038												
白蘿蔔（小型品種）»P112												
百里香 »P120		春						秋				
貝比生菜 »P044			春	春				秋	秋			
菠菜 »P046			春	春				秋	秋			
薄荷（胡椒薄荷）»P129				春 春				秋	秋			
毛豆 »P058												
馬鈴薯 »P108												
迷迭香 »P134		春							秋			
粉豆（無蔓種）»P096												
甜豆 »P078												
甜椒 »P092												
南瓜（迷你種）»P062												
辣椒 »P082												

※上述以日本關東地區為基準

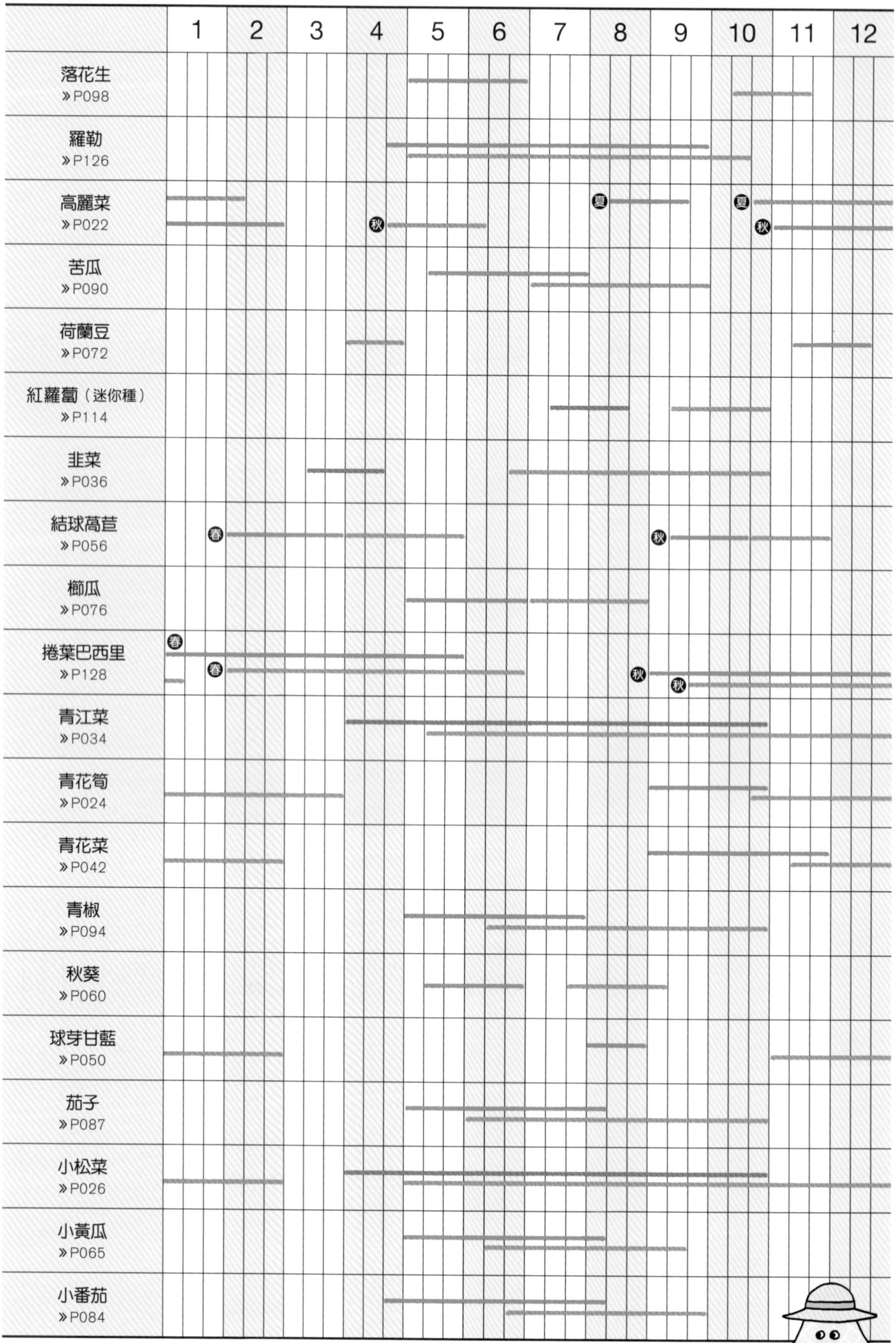

	1	2	3	4	5	6	7	8	9	10	11	12
落花生 »P098												
羅勒 »P126												
高麗菜 »P022				秋				夏		夏 秋		
苦瓜 »P090												
荷蘭豆 »P072												
紅蘿蔔（迷你種） »P114												
韭菜 »P036												
結球萵苣 »P056	春								秋			
櫛瓜 »P076												
捲葉巴西里 »P128	春 春							秋	秋			
青江菜 »P034												
青花筍 »P024												
青花菜 »P042												
青椒 »P094												
秋葵 »P060												
球芽甘藍 »P050												
茄子 »P087												
小松菜 »P026												
小黃瓜 »P065												
小番茄 »P084												

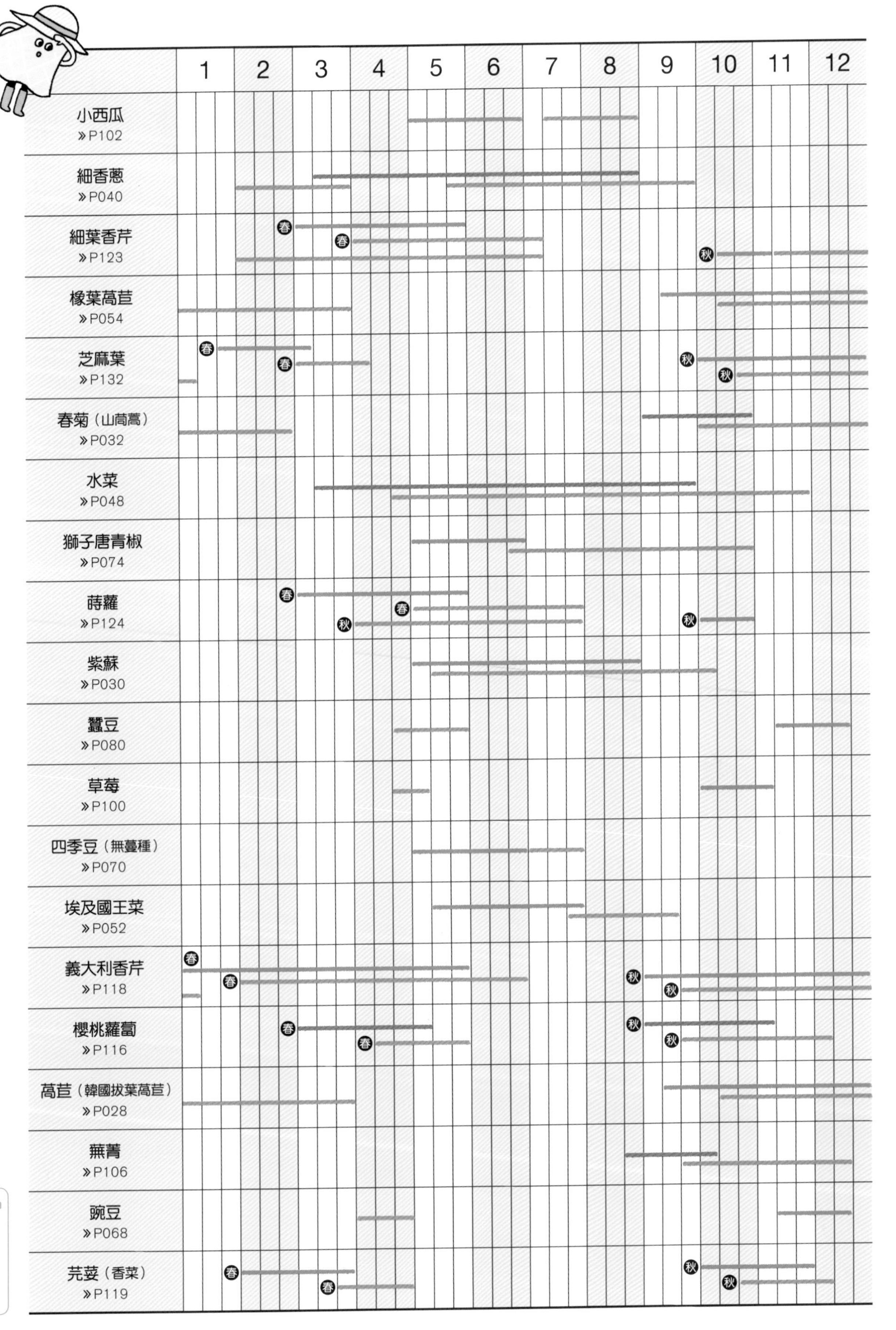
1
2
3
4
5
6
7
8
9
10
11
12
小西瓜 »P102
細香蔥 »P040
細葉香芹 »P123
橡葉萵苣 »P054
芝麻葉 »P132
春菊（山茼蒿） »P032
水菜 »P048
獅子唐青椒 »P074
蒔蘿 »P124
紫蘇 »P030
蠶豆 »P080
草莓 »P100
四季豆（無蔓種） »P070
埃及國王菜 »P052
義大利香芹 »P118
櫻桃蘿蔔 »P116
萵苣（韓國拔葉萵苣） »P028
蕪菁 »P106
豌豆 »P068
芫荽（香菜） »P119
春
秋

基本工具

在開始種菜前，要先準備好基本工具。不論是使用起來很便利，或是充滿設計感，只要擁有自己愛用的工具，就能讓種菜更增添一番樂趣。

【園藝剪刀】

園藝專用剪刀有分剪定鋏和植木剪等多個種類，但針對種菜，只要有萬能剪刀就夠用了。細長型的刀尖會較方便作業。

【澆水壺】

選購前端為蓮蓬頭的澆水壺（有複數個小孔，灑水的範圍較廣），特別推薦前端可拆式的類型。大容量的用起來也方便。

【鏟土勺】

需要鏟土放進盆栽時使用。建議選購三入一組、分成大中小尺寸的組合，可配合盆栽大小來使用，在狹窄的縫隙中要補土也很方便。

【園藝鏟】

用於植苗時要挖洞或補土。鏟面和握柄為一體成形的鏟子會比較好用，也不易損壞。

【盆底網】

鋪在盆栽底部，預防土壤流出或害蟲入侵。可配合盆器底部裁剪成適當大小，調整起來容易且方便。

【園藝標籤】

用於在標籤上記錄作物名稱再插入盆栽內作為辨識。寫上播種或定植的日期，之後也便於管理。

【網子】

用於固定像南瓜或西瓜等較重的果實類蔬菜。把蔬菜用網子包覆，再用繩子綁住懸掛起來。圖示是防鳥網，但任何材質的網子都行。

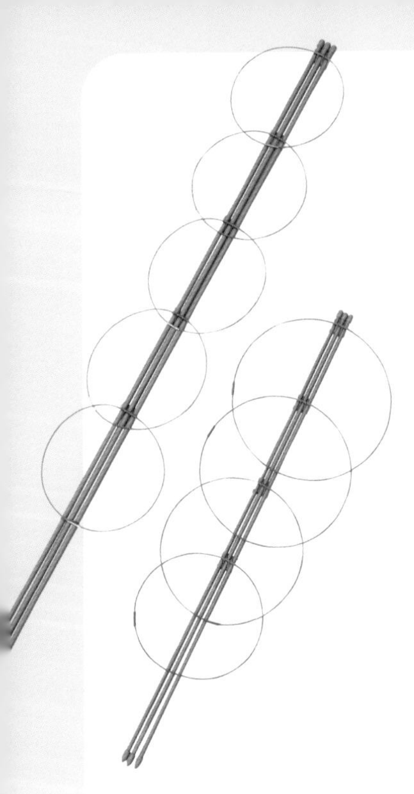

【爬藤架】

以好幾根棒子與圓環組合而成的圓形支柱，只要撐開就能架設完成，對於栽種會往上攀爬的蔬菜或藤蔓植物十分方便。也可用一般支柱和繩子自行 DIY（→P153）。

【支柱固定座】

較長的支柱會搖晃不穩定，因此會搭配固定支柱的工具使用。

把固定座插在盆器邊緣，再把支柱插進固定座上的洞口。

【支柱】

用於支撐易倒塌的作物，或是用於誘引藤蔓植物。有各種長度與粗細，可按照用途來選購。（→P153）

【捲尺】

用於丈量植株的間距、植物高度或盆器尺寸。以0為起點，材質為金屬製的，用起來會比較便利。

【麻繩】

為了不讓植物的莖倒塌而固定在支柱上，或是要誘引長長的枝節或藤蔓時會使用。

【授粉筆】

在人工授粉時使用。也可用水彩筆。

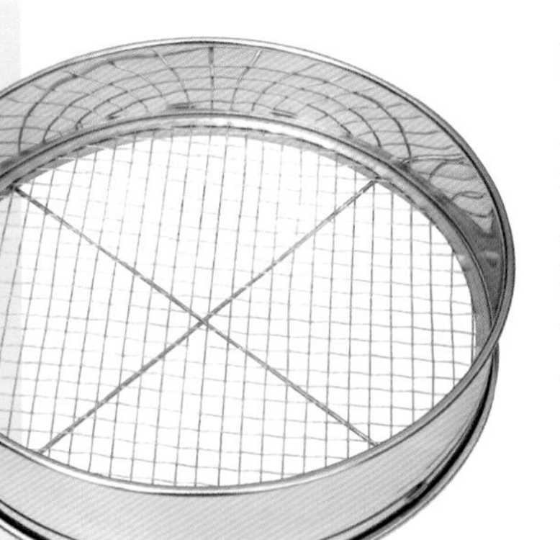

【篩網】

用於過濾土壤中的枯根、莖葉等雜質。可以更換網目大小的篩網，使用上會比較方便。替換網在需要時再添購即可。

四個角可扣上、立起的墊子比較方便。

【園藝防汙墊】

定植、採收或換土時，鋪在地上不僅不會弄髒地面，還可便於作業。也可用於曬乾土壤或採收的作物。

盆器的挑選方法

隨著生長紮根，植株會越長越大。但並非一開始就要買大一點的盆器，因為相對地會用上很多的培養土，盆栽越重，越不好照顧。重點在於配合蔬菜的大小來選購適當尺寸的盆器。

CHECK 1 ✓尺寸

基本上要依照蔬菜會長到多大、多高等特徵來挑選盆器。市售的圓形盆器會以「號」為單位來表示尺寸（1 號約直徑 3cm）。另外，要以適合只種一株菜苗的大小來選購。

生長後的大小：小 → 大

【小型盆器】

容量 3L 以下。適合栽種期短、植株不會長太大、植高較低的作物。或是想種植少量的葉菜類也適用。

例如下列的蔬菜

小松菜、萵苣、巴西里、細香蔥、貝比生菜、櫻桃蘿蔔

【中型盆器】

容量 5～10L。適合栽種植株不會太高或不太會長大的作物。

例如下列的蔬菜

毛豆、紫蘇、辣椒、白菜、芝麻葉、結球萵苣

【大型盆器】

容量 10～24L。適合栽種期長、植高會長到需要立支柱，而且會長很大的作物。

例如下列的蔬菜

小黃瓜、馬鈴薯、櫛瓜、茄子、苦瓜、小番茄

這裡也要 CHECK！

需立支柱的話 直筒型盆器尤佳

上寬下窄的盆器不利於立支柱，若種需要立支柱的作物，選擇直筒型的盆器會比較方便。

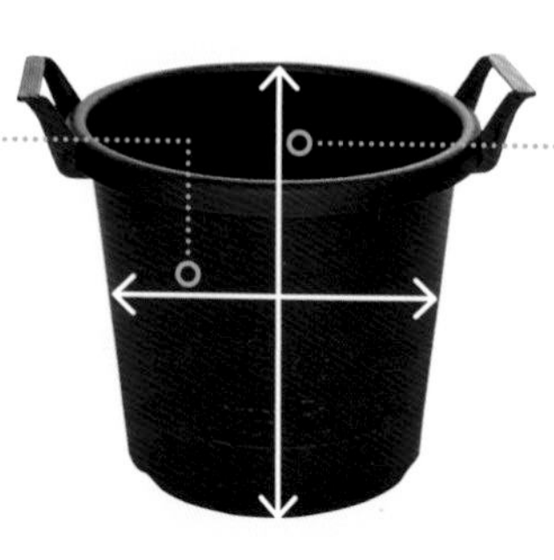

這裡也要 CHECK！

根莖類蔬菜 要考慮盆器深度

會往下紮根的白蘿蔔、紅蘿蔔和馬鈴薯等根莖類，要選用深度和直徑差不多，或是再大一號的盆器（有些店家會以「深型」來標示）。

CHECK 2 ✓材質

盆器有各式各樣的材質，比較各自的優缺點，再選出適合的類型。不過，種植較大型的作物時，若有搬動的需求，建議選用材質較輕的盆器。

【塑膠製】	【陶土製】	【木製】
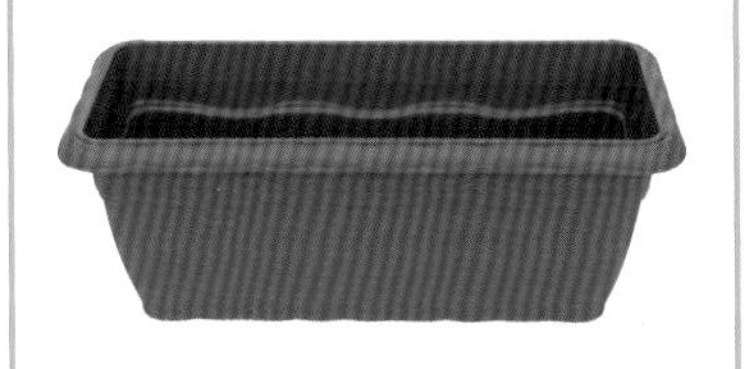		
優點：◎很輕 ◎價格便宜 ◎土壤不易乾，不用常澆水	優點：◎具設計感 ◎使用期限長 ◎通風良好	優點：◎具設計感 ◎通風良好 ◎土壤溫度不易受外在溫度影響
缺點：×通風不良，夏季時容易造成土壤升溫 ×容易劣化	缺點：×太重 ×不耐摔 ×土壤易乾燥	缺點：×容易劣化 ×澆水後會變很重

CHECK 3 ✓搬運便利性

考量到天氣變化等因素，有時候可能需要移動盆栽。像是附把手的盆器，或是邊緣可讓手指好抓握的盆器等，在搬運時就能輕鬆不費力。

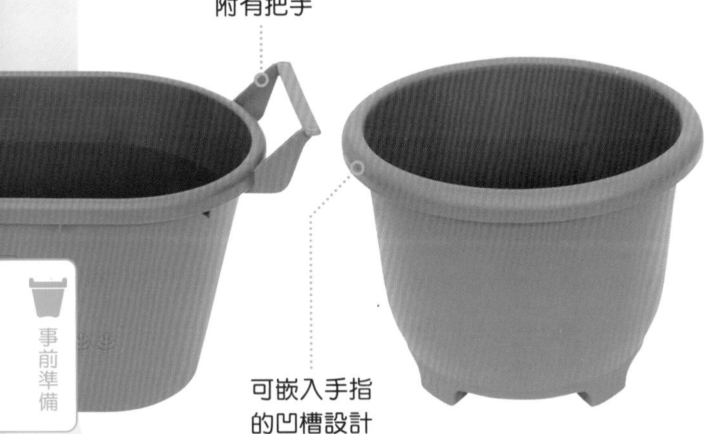

COLUMN

還有其他附便利機能的盆器

附有支柱孔的盆器

本身就有鑽孔，需要立支柱時，支柱可直接插入，十分便利。

附有排水網的盆器

底部附有排水性佳的蜂巢狀排水網，不用再額外鋪缽底石。

事前準備

陽臺環境

盆栽蔬菜大多都種在陽臺。但要種在陽臺，就有許多注意事項和事前準備。好好留意這些重點再開始種菜吧！

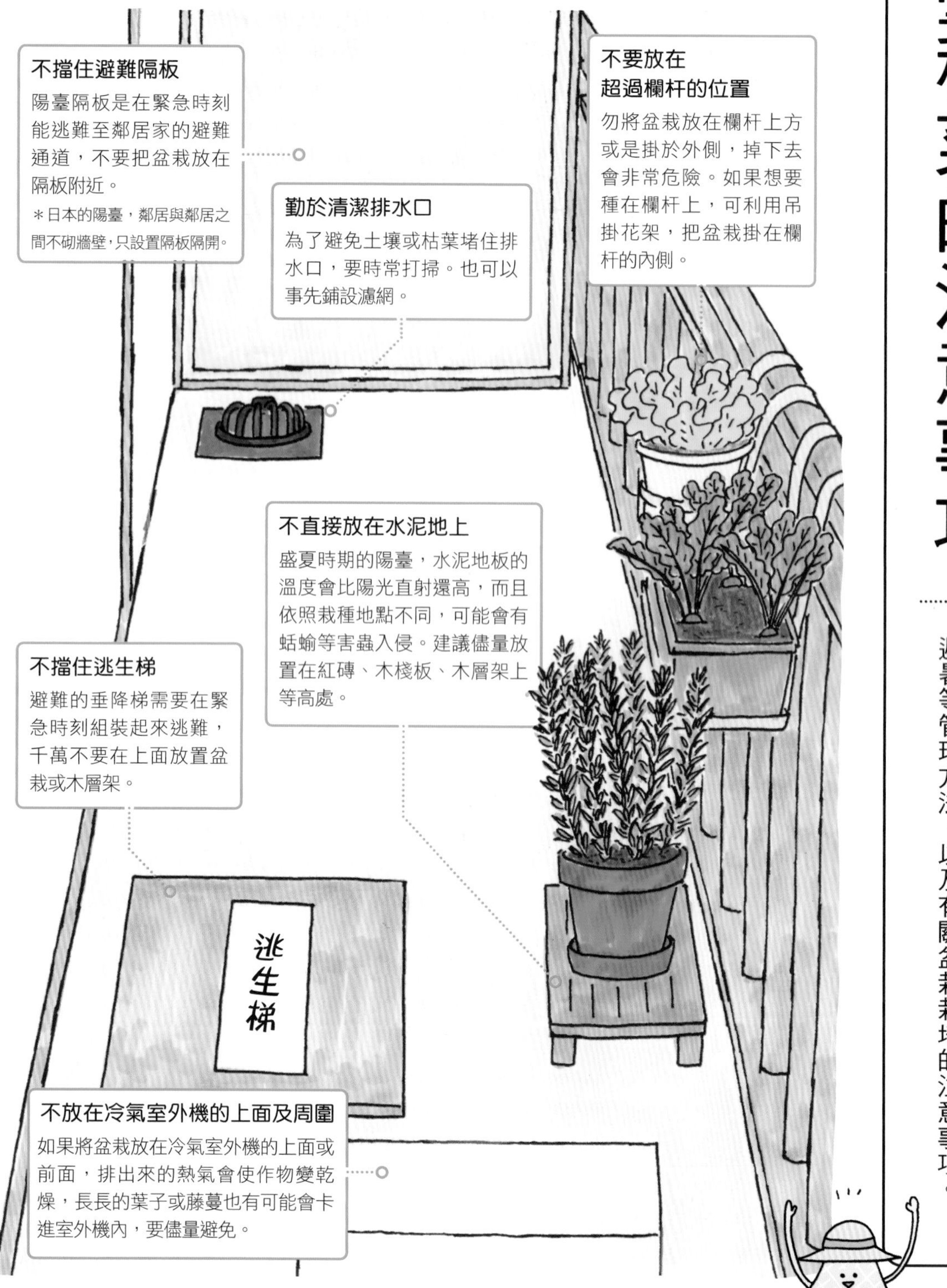

陽臺種菜的注意事項

此篇要介紹日照充足、空氣流通的放置場所，澆水和避暑等管理方法，以及有關盆栽栽培的注意事項。

〔 陽臺日照措施 〕

水泥牆圍欄

假如整面圍欄都遮住了陽光，無法照射到植株上，除了用其他東西架高植株，確保日照充足外，也能改種半日照的蔬菜。

日照過強

可以加裝竹簾，或是利用苦瓜等藤蔓蔬菜，製造出遮蔽處，避免陽光直射。

夏季

夏季時的太陽位置較高，陽光無法照至陽臺內側，儘量把盆栽放在靠近欄杆的位置。

秋季～春季

秋季至春季時的太陽位置較低，陽光可照遍整個陽臺。請確認好陽光照射的位置，並善加利用這些位置來放置盆栽。

〔 陽臺通風措施 〕

風勢過強

若位於公寓高樓，風勢總是比較大。為了避免吹傷植株、土壤過乾，或是盆栽被吹倒，可在欄杆上加裝防風網。

通風不良

底下墊東西把盆栽架高，儘量讓盆栽能吹到風。另外，也要拉開盆栽間的距離，保持空氣流通。

澆水

澆水是盆栽栽培最重要的一環，水澆得太多、太少都不行。在此說明正確的澆水重點。

澆水澆到盆底漏出水為止

基本上澆水一定要澆到滿，即便土壤表面已經濕了也不要停，要確認澆到盆底有水流出來為止。

土壤乾了就是澆水的時機

土壤溼度高可能會導致植物根部腐敗，因此並非一定要每天澆水，可以用手摸土壤，感覺乾了才澆水。如果很難分辨土壤是否乾了，可把手指插進土裡，若還有點濕可隔幾天再確認一次。

夏季在早上、冬季在中午前

夏季需避開最高溫的正中午，要在早上澆水。盛夏時期一天只澆一次水可能會不夠，最好在早上和傍晚涼爽的時間各澆一次水。冬季則是在溫度正要上升的中午前澆水。

往上和往下，
水的弧度不一樣耶！

COLUMN

灑水口該朝哪邊？

只需要澆水在重點範圍

想要大範圍的澆水

Q 連日下雨需要移動盆栽嗎？

A 長時間下雨易造成土壤過濕，但不需要過於緊張，若是為了躲雨而移動至屋簷下，反而會造成日照不足的問題。若非情況真的很嚴重，直接放在原地也無所謂。

Q 長時間不在家該怎麼辦？

A 若兩天不在家，可以用市售的寶特瓶製自動澆水器。若是三天以上，沒安裝定時自動灑水器，對作物來說很不利。當然，要是能拜託親友來照顧就再好不過了。或是用濕布蓋在土壤上也是一種方法，雖然土壤還是很快就乾了，但至少還有布可遮陽，可延緩水氣流失的時間。

栽種
葉菜類

白花椰菜

選苗

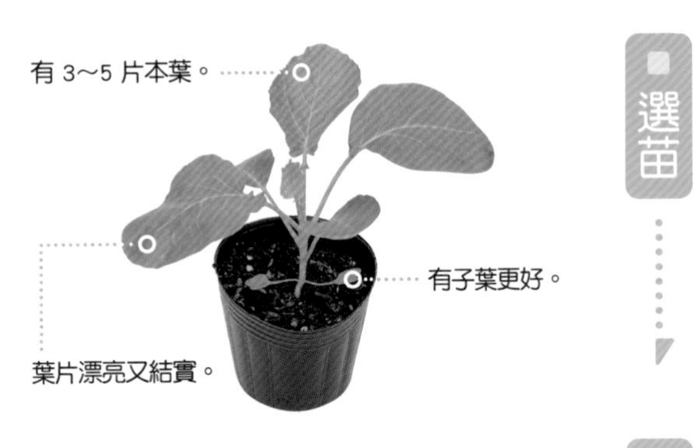

定植

把幼苗種進盆栽內 »P147

在土壤中挖出比黑軟盆還要大一點的洞，把幼苗從黑軟盆取出放進盆栽內，覆土後輕壓，再澆滿水。

架設臨時支柱

將木棍插在幼苗旁邊。

POINT

臨時支柱可防止倒塌

若幼苗很強壯站得很穩，可以不用架臨時支柱，但為了預防被風吹倒，還是架著會比較安心。只要能稍微支撐住幼苗即可，因此用免洗筷也行，待植株茁壯後即可拔除。

DATA

科目：十字花科	易發生的病蟲害：青蟲
難易度：★★	盆器尺寸：大型
栽種場所：日照充足處	
生育適溫：20～25℃	
株間：40cm	
連作障礙：有	

・直徑 35cm
・高 32cm

栽種時程　— 定植　— 採收

1	2	3	4	5	6	7	8	9	10	11	12

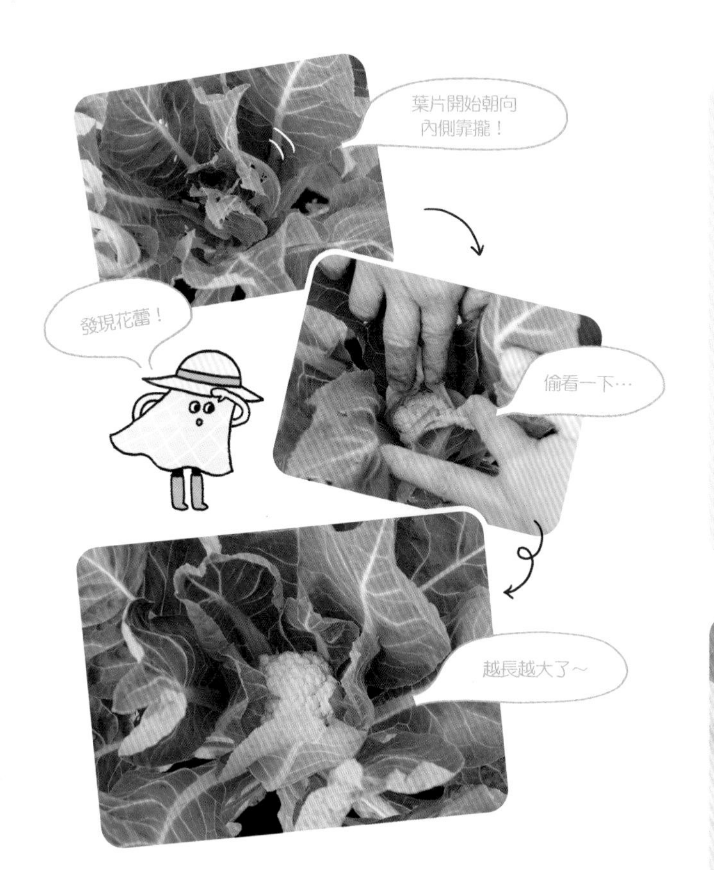

摘除黃葉或耗葉

不健康的葉片是問題的來源。生長過程中若發現有變黃的葉片要立即摘除。

施肥 

»P151

定植後過一個月左右，將肥料施於植株周圍。

追肥 2

施肥

»P151

自第一次施肥後過一個月左右，再次將肥料施於植株周圍。

採收

切斷莖部

等到花蕾的直徑長到約 15cm 大，就用菜刀從莖部割下白花椰菜。

品嘗美味小訣竅！

用比沸水還低的 80℃汆燙

十字花科的蔬菜特色就是含有些微嗆辣味，烹煮時必須用適當的溫度汆燙才能保留其特色。建議用比沸水還要再低溫的 80℃來汆燙（在一公升的滾水內加入 300ml 的冷開水即約 80℃）。

高麗菜

選苗

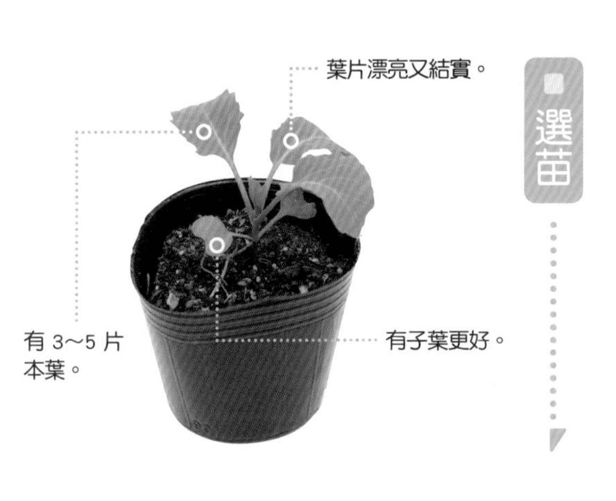

定植

把幼苗種進盆栽內 »P147

在土壤中挖出比黑軟盆還要大一點的洞，把幼苗從黑軟盆取出放進盆栽內，覆土後輕壓，再澆滿水。

POINT

架設防蟲網預防青蟲

高麗菜很容易長蟲，最好架設防蟲網（→P157）。為了預防蝴蝶產卵，在定植後，網子要架設到蝴蝶不會出沒的時期會比較安心。若沒有架網，就需時常巡視，一發現產卵要立即驅除。

DATA

科目：十字花科	易發生的病蟲害：青蟲、蚜蟲
難易度：★★	盆器尺寸：中～大型
栽種場所：日照充足處	這裡使用的盆器 ・直徑 30cm ・高 30cm
生育適溫：15～20℃	
株間：40cm	
連作障礙：有	

栽種時程　— 定植　— 採收

1	2	3	4	5	6	7	8	9	10	11	12
							夏		夏		
			秋						秋		

在蟲害較少的夏季定植會比較好種。

採收

確認緊實度

按壓結球上方，確認硬度，只要感覺硬實就是採收最佳時機。

從植株底部切下

將菜刀插入外葉的間隙，從植株底部切下整顆高麗菜。

保留外葉

莖部很硬很難切斷，將菜刀插進外葉的間隙是採收的訣竅。

品嘗美味小訣竅！

外葉與內葉要分開烹調

外葉又大又硬，適合燉煮和熱炒（例如高麗菜肉捲），鮮豔的綠色還可用於增添料理的色澤。而內葉軟嫩，較適合生食或迅速加熱的料理（例如醃漬或汆燙）。

追肥 1

施肥 »P151

定植後過一個月左右，將肥料施於植株周圍。

摘除黃葉或耗葉

不健康的葉片是問題的來源。生長過程中若發現有變黃的葉片要立即摘除。

追肥 2

施肥 »P151

自第一次施肥後過一個月左右，當內側的葉片開始向內捲起時，再次將肥料施於植株周圍。之後以一個月一次為基準追肥。

葉片開始往內捲了！

二個月後的樣子

青花筍

選苗

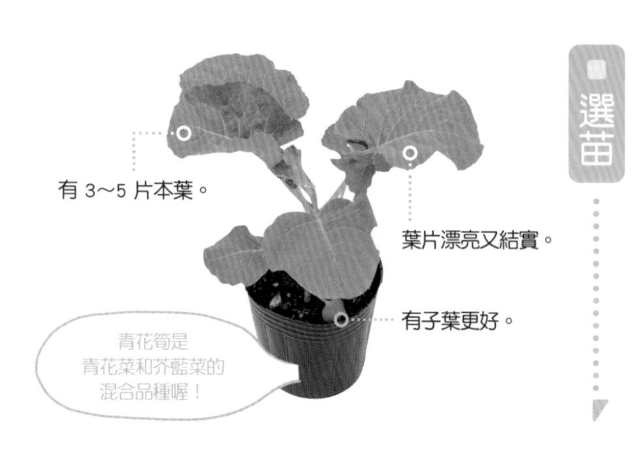

定植

把幼苗種進盆栽內 »P147

在土壤中挖出比黑軟盆還要大一點的洞，把幼苗從黑軟盆取出放進盆栽內，覆土後輕壓，再澆滿水。

立支柱

架設支柱 »P152

待植株長高至 30～40cm 後，架設支柱，用繩子把莖和支柱固定在一起，以防植株倒塌。

DATA

科目：十字花科	易發生的病蟲害：青蟲、蚜蟲
難易度：★	盆器尺寸：中～大型
栽種場所：日照充足處	
生育適溫：15～20℃	
株間：40cm	
連作障礙：有	

栽種時程　— 定植　— 採收

1	2	3	4	5	6	7	8	9	10	11	12

採收

剪下側花蕾

待側花蕾（從側邊長出的花蕾）長到直徑2～3cm，從莖部 10～15cm 處剪下。

POINT

切除時檢查側芽

不知道該剪哪裡時，先確認側芽（圖中畫圈處）的位置。保留有側芽的莖，之後側芽長大便可再次採收。

直接剪掉沒有側芽的莖

採收後的莖若沒有長側芽，採收完側花蕾後，即可直接從底部剪掉。

不要錯過採收期

一旦錯過採收期，花苞會開始萎縮、開花。在花苞尚處緊實時，味道會比較好，記得趁花苞還小時採收完畢喔！

追肥

施肥 »P151

定植後過一個月左右，將肥料施於植株周圍。之後以一個月一次為基準追肥。

摘蕾

剪下頂花蕾

待頂花蕾（植株頂部的花蕾）長到直徑2～3cm，用剪刀剪下。

盡早切除頂花蕾

趁頂花蕾還小時切除，養分才能傳送至從側邊長出的芽，能增加採收量。

小松菜

播種

條播播種 »P144

挖出兩條深約 1cm 的淺溝，兩列的間隔距離 10～15cm。種子不重疊地散播在土壤中，補土後輕壓，再澆滿水。

POINT

架設防蟲網預防害蟲

小松菜非常耐熱及耐寒，避開隆冬，幾乎整年皆可栽種。但在夏季很容易招來害蟲，架設防蟲網會比較安心（→P157）。

疏苗 1

拔除過於密集的植株 »P148

當子葉完全展開，與旁邊的葉片緊密相連時，就要疏苗，讓植株之間維持 1～2cm 的距離。

POINT

疏苗是為了拔除弱小的幼苗

在植株的密集處，將生長歪斜、子葉折損和細小的幼苗拔除。

DATA

科目：十字花科	易發生的病蟲害：白銹病、青蟲、蚜蟲
難易度：★	盆器尺寸：小型～
栽種場所：日照充足處	
生育適溫：15～20℃	
列間：10～15cm	
連作障礙：有	

・寬 20cm・長 50cm・高 18cm

栽種時程　— 播種　— 採收

1	2	3	4	5	6	7	8	9	10	11	12

追肥

施肥 »P151

播種後過一個月左右，將肥料施於兩側，稍微撥鬆土壤表面使兩者混合。之後以二～三週一次為基準追肥。

採收

從植株底部拔起

待植株長至 20cm 左右，握住底部往上拔。

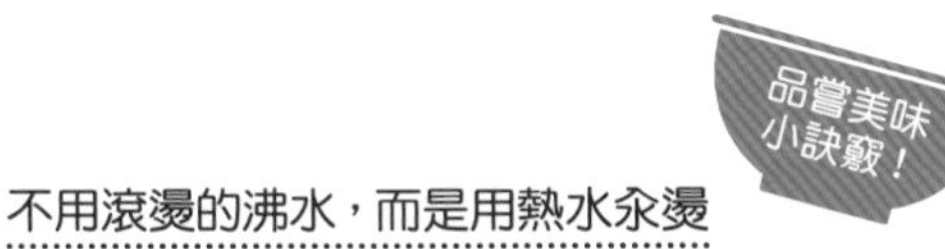

不用滾燙的沸水，而是用熱水汆燙

小松菜比起滾水，用 80℃左右的熱水汆燙，更能帶出原本的風味。80℃大約是在一公升的滾水內加入 300ml 的冷開水後所形成的溫度。

覆土

將土壤覆蓋至植株底部，輕壓土面。

POINT

疏苗、覆土是連續的流程

疏苗後因土壤鬆散，植株變得不穩定，必須覆土幫助其穩固。

疏苗 2

株間維持 4～5cm »P148

當本葉長出 4～5 片，植株又變得過度密集時，必須再次疏苗，使植株之間維持 4～5cm 的距離。

拔除的葉片也可食用

疏苗時拔除下來的葉片非常軟嫩，可以拿來吃，當成味噌湯料或做成沙拉都很美味。

萵苣（韓國拔葉萵苣）

選苗

定植

把幼苗種進盆栽內 »P147

在土壤中挖出比黑軟盆大一點的洞，把幼苗從黑軟盆取出放進盆栽內，覆土後輕壓，再澆滿水。

追肥

施肥 »P151

定植後過一個月左右，將肥料施於植株周圍。之後以一個月一次為基準追肥。

DATA

科目：菊科	易發生的病蟲害：青蟲、蚜蟲
難易度：★	盆器尺寸：小型～
栽種場所：日照充足處	
生育適溫：15～20℃	
株間：20cm	
連作障礙：有	・寬 15cm・長 40cm・高 14cm

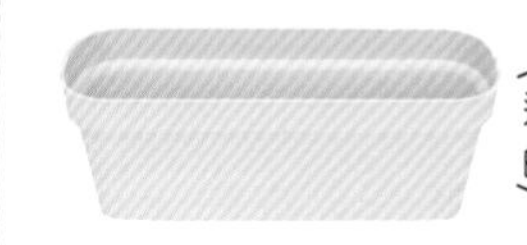

栽種時程　— 定植　— 採收

1	2	3	4	5	6	7	8	9	10	11	12

整株採收

當生長變得遲緩（葉片的間隔變大，葉片變少），即是採收結束的信號。用剪刀從底部把整株剪下來。

從外葉開始採收

葉片長到 20～25cm 時，從外側一片一片用剪刀剪下。

保留植株可延長採收期

不將整個植株切除，而是只剪下較大的外葉，新芽便會從留下的植株中心再次長大，如此可一直重覆採收。

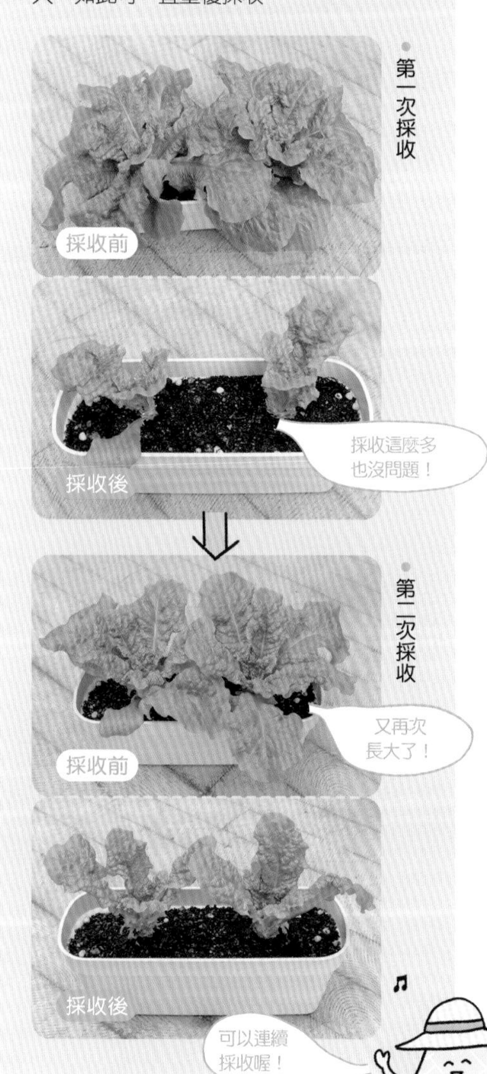

採收

COLUMN

把萵苣夥伴們合植在一起吧

萵苣的種類繁多，還可分為結球（如美生菜）、半結球（如蘿蔓）、不結球（如A菜）等。萵苣之間也能成為合植的好夥伴。若在一個盆栽內種下數種萵苣，就能一次享受到不同的樂趣喔。

這裡用直徑 26cm、高 25cm 的盆栽，混合種植三種萵苣。

紫蘇

選苗

定植

把幼苗種進盆栽內 »P147

在土壤中挖出比黑軟盆還要大一點的洞，把幼苗從黑軟盆取出放進盆栽內，覆土後輕壓，再澆滿水。

疏苗

疏苗至留下三株 »P148

待植株長至 20cm 左右，留下健壯、莖粗、葉大的三株，其餘的從底部剪除。

DATA

- 科目：唇形科
- 難易度：★
- 栽種場所：日照充足處
- 生育適溫：25℃左右
- 株間：30cm
- 連作障礙：有
- 易發生的病蟲害：蟎蟲、捲葉蟲
- 盆器尺寸：中型～

這裡使用的盆器
・直徑 24cm
・高 24cm

栽種時程　━ 定植　━ 採收

1	2	3	4	5	6	7	8	9	10	11	12

連花
也能吃喔！

採收紫蘇花穗

夏季結束時會長出花穗，可將已開花 3～5 成的花穗採收下來。

採收紫蘇果實

紫蘇開花後會結果。把只剩下一些花，已結滿果實的部分採收下來。

POINT

趁果實變硬前採收

過熟的果實會變硬、口感不佳，所以，趁果實尚未成熟前採收是重點。把一小顆一小顆的果實搓下來，以鹽漬或醬油漬做成涼拌菜。花穗部分則可做成天麩羅或生魚片的佐料。

品嘗美味小訣竅！

製成萬用的綜合香料

若採收了許多紫蘇，務必做成綜合香料。可拿來直接食用、搭配其他料理一起烹煮、或是添加在麵類和烤茄子上面等各種吃法。材料可參考以下食譜。

- **紫蘇 5 片**»切絲
- **細香蔥 3 根**»切碎末
- **蘘荷 2 個**»縱向剖半後切薄片
- **薑 1 片**»切碎末
- **蘿蔔嬰半包**»切成 2cm 長

追肥

施肥 »P151

定植後過一個月左右，將肥料施於植株周圍。之後以一個月一次為基準追肥。

採收

一片一片剪下葉片

待植株長至 30cm 左右時，即可採收軟嫩的葉片。摘除葉片後會再長側芽，之後可視情況重覆採收。

春菊（山茼蒿）

播種

條播播種 »P144

挖出兩條深約 1cm 的淺溝，兩列的間隔距離 10～15cm。種子不重疊地散播在土壤中，補土後輕壓，再澆滿水。

POINT

鋪上薄薄一層土

這是屬於發芽需要陽光的好光性種子，要注意別覆蓋過厚的土。只要鋪上讓種子能隱隱約約露出來的薄薄一層土。

疏苗 1

株間維持 2～3cm »P148

當本葉長出 2～3 片，與旁邊的葉片緊密相連時，就要進行疏苗，讓植株之間維持 2～3cm 的距離，並覆土至植株底部。

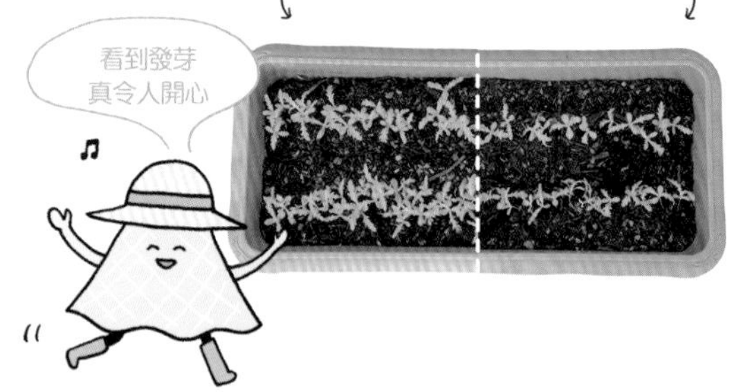

DATA

科目：菊科	易發生的病蟲害：蚜蟲、斑潛蠅
難易度：★	盆器尺寸：小型～
栽種場所：日照充足處	
生育適溫：15～20℃	
列間：10～15cm	
連作障礙：有	・寬 21cm・長 45cm・高 17cm

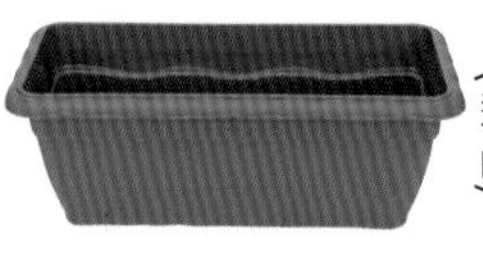

栽種時程　━ 播種　━ 採收

1	2	3	4	5	6	7	8	9	10	11	12

疏苗 2

株間維持 4～5cm

»P148

當植株長至 4～5cm，本葉又長出 3～4 片時，必須再度疏苗，使植株之間維持 4～5cm 的距離。

疏苗前

疏苗後

覆土

將土壤覆蓋至植株底部，輕壓土面。

追肥

施肥

»P151

播種後過一個月左右，將肥料施於兩側，並稍微撥鬆土壤表面使兩者混合。之後以二～三週一次為基準追肥。

疏苗 3

株間維持 8cm

»P148

當植株長至 10cm 時，必須疏苗，使植株之間維持 8cm 的距離，並覆土至植株底部。

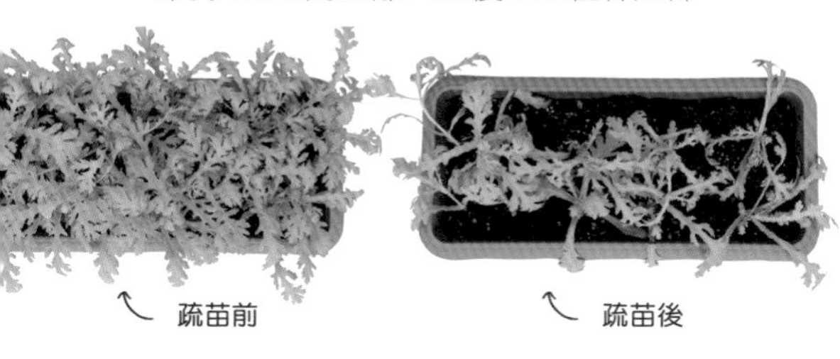

疏苗前

疏苗後

採收

保留下葉，剪上半部

待植株長至 15cm 時，從由下往上數的第 2～3 個莖節處剪下來。之後，被留下的下葉和側芽會繼續生長，便可以同樣的方式，重複採收數次。

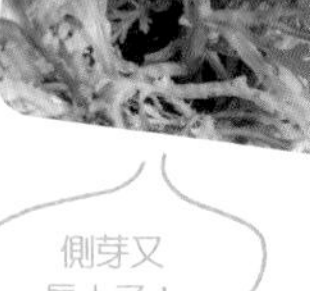

側芽又長大了！

POINT

也有整株切除的採收法

到了春季，春菊易抽苔，這時候最好整株採收。另外，也有一開始就不保留下葉，整株採收的品種，請務必確認種子包裝袋的説明。

青江菜

播種

條播播種 »P144

挖出一條深約 1cm 的淺溝。種子不重疊地散播在土壤中，補土後輕壓，再澆滿水。

疏苗 1

拔除過於密集的植株 »P148

待子葉完全展開，與旁邊的葉片緊密相連時，進行疏苗，讓植株之間維持 1～2cm 的距離。

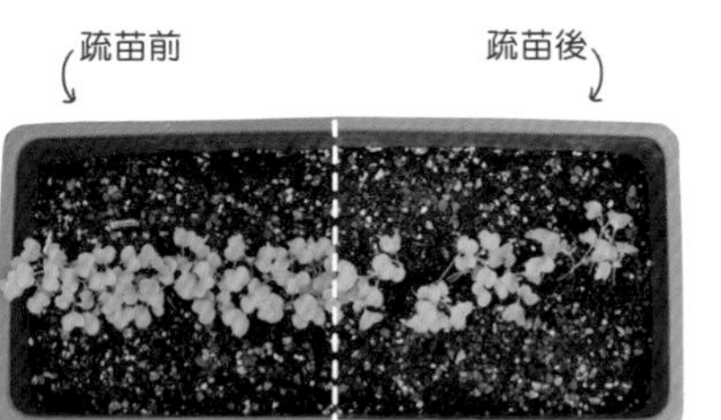

觀察生長的樣子再疏苗

從側邊看植株的生長情況，在間隔密集處，將過細、孱弱、以及子葉折損的幼苗拔除。

DATA

科目：十字花科

難易度：★

栽種場所：日照充足處

生育適溫：20℃左右

列間：10～15cm

連作障礙：有

易發生的病蟲害：青蟲

盆器尺寸：小型～

・寬 20cm・長 45cm・高 16cm

栽種時程　— 播種　— 採收

1	2	3	4	5	6	7	8	9	10	11	12

覆土

將土壤覆蓋至植株底部，輕壓土面。

採收

從植株基部剪下

待植株長至 20cm 左右，便可用剪刀從基部採收下來。

趁葉柄肥厚多汁時採收

一旦錯過最佳採收期，青江菜基部會變老，口感也會走味，要留意趁它還沒變太大時採收下來。

葉菜類

疏苗 2

株間維持 3～4cm »P148

當本葉長出 2～4 片時，就要再度疏苗，讓植株之間維持 3～4cm 的距離。

追肥

施肥 »P151

播種後過一個月左右，將肥料施於兩側，並稍微撥鬆土壤表面使兩者混合。之後以二～三週一次為基準追肥。

疏苗 3

株間維持 8cm »P148

當本葉長出 5～7 片時，進行疏苗，讓植株之間維持 8cm 的距離。

疏苗前

疏苗後

韭菜

播種

條播播種 »P144

挖出兩條深約 1cm 的淺溝，兩列的間隔距離 10～15cm。種子不重疊地散播在土壤中，補土後輕壓，再澆滿水。

追肥

施肥 »P151

播種後過一個月左右，將肥料施於兩側，並稍微撥鬆土壤表面使兩者混合。之後以二～三週一次為基準追肥。

DATA

科目：石蒜科	易發生的病蟲害：幾乎沒有
難易度：★	盆器尺寸：小型～
栽種場所：日照充足處	
生育適溫：20～25℃	
列間：10～15cm	
連作障礙：有	・寬 20cm・長 50cm・高 18cm

栽種時程　━ 播種　━ 採收

1	2	3	4	5	6	7	8	9	10	11	12

(!) 此為多年生植物，可以重複採收，但自第三年起植株會變孱弱，所以在二～三年間的 10～11 月上旬左右，必須進行分株再重新種植。

再次採收

待植株再次長到 25～30cm，一樣留下 3～4cm 的長度，再用剪刀剪下來。之後也以同樣的方式重複採收即可。

播種一次可以收割好幾年

韭菜是多年生植物，只要進行換盆，便可以重新生長。冬季植株枯萎後，把地上部全割除來度冬，等到了春季來臨，它會重新發芽，便能再次採收。

土壤變乾就澆水，
等待春季來臨！

覆土

將土壤覆蓋至植株底部，輕壓土面。

從植株底部剪下

待植株長至 25～30cm，底部留下 3～4cm 的長度，再用剪刀採收下來。

施肥 »P151

採收後再將肥料施於兩側，稍微撥鬆土壤表面使兩者混合。

POINT

全部採收完畢再追肥

這些被留下來的植株還會再發新芽、再次長大，所以為了促進生長，等全部採收完畢後要一併進行追肥。

白菜（迷你種）

選苗

定植

把幼苗種進盆栽內 »P147

在土壤中挖出比黑軟盆還要大一點的洞，把幼苗從黑軟盆取出放進盆栽內，覆土後輕壓，再澆滿水。

POINT

小心青蟲入侵

若被青蟲侵害，葉片會變得坑坑洞洞的。一旦發現葉片被蟲蛀或有蟲糞，必須馬上驅除。此外，為了預防蝴蝶產卵，最好在定植後架設防蟲網，直到蝴蝶不會出沒的期間會比較安心（→P157）。

DATA

科目：十字花科	易發生的病蟲害：青蟲、蚜蟲、菜心螟
難易度：★★	盆器尺寸：中型～
栽種場所：日照充足處	
生育適溫：20℃左右	
株間：20～30cm	
連作障礙：有	

栽種時程　— 定植　— 採收

1	2	3	4	5	6	7	8	9	10	11	12
								定植		採收	採收

採收

確認緊實度

按壓結球上方，確認硬度。只要感覺硬實就是採收最佳時機。

從植株底部切下

抵住白菜稍微傾斜，將菜刀插入外葉的間隙，從植株底部切下來。

稍微曬過會更美味

白菜梗帶點濕軟會稍微影響口感，建議採收後先放在篩網上陰乾半天左右，讓表面稍微風乾一下再拿去料理。如此一來，白菜會變得更加鮮甜。

追肥①

施肥 »P151

定植後過一個月左右，將肥料施於植株周圍。

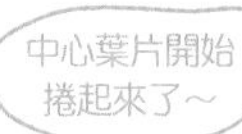

摘除變黃、枯萎的耗葉

不健康的葉片是問題的來源。生長過程中若發現有變黃和枯萎的外葉要立即摘除。握住葉片的根部一口氣往下壓，便能輕鬆折斷。

追肥②

施肥 »P151

自第一次施肥後過一個月左右，將肥料施於植株周圍。

細香蔥

播種

條播播種 »P144

挖出兩條深約 1cm 的淺溝，兩列的間隔距離 10～15cm。種子不重疊地散播在土壤中，補土後輕壓，再澆滿水。

追肥

施肥 »P151

播種後過一個月左右，將肥料施於兩側，並稍微撥鬆土壤表面使兩者混合。之後以二～三週一次為基準追肥。

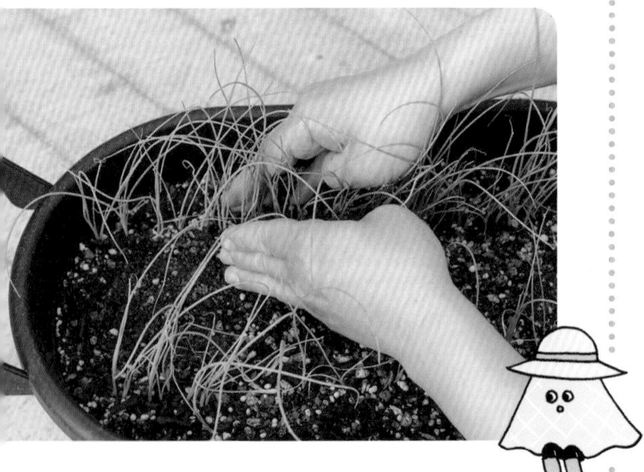

覆土

將土壤覆蓋至植株底部，輕壓土面。

植株軟趴趴的，要好好把它們撐起來。

DATA

科目：石蒜科	易發生的病蟲害：蚜蟲、蔥薊馬
難易度：★	盆器尺寸：小型～
栽種場所：日照充足處	
生育適溫：20℃左右	
列間：10～15cm	
連作障礙：有	・寬 25cm・長 49cm・高 23cm

栽種時程　━ 播種　━ 採收

1	2	3	4	5	6	7	8	9	10	11	12

再次採收

待植高再次長到 20～25cm，一樣留下 2～3cm 的長度，再用剪刀剪下來。之後也以同樣的方式重複採收即可。

可以只割除一次要吃的量！

若植株長到可採收的高度，不一定要一次收割完，可以在想吃的時候再採收需要的分量。植株再生會產生時間差，像這樣能持續採收，真的很方便。

從植株底部剪下

待植株長至 20～25cm，底部留下 2～3cm 的長度，再用剪刀採收下來。

POINT

採收時保留些許莖幹

只要把細香蔥的生長點（細胞分裂最旺盛的部分）保留下來便會再生。請留下些許莖幹，別把整株拔除，便可重複採收。

施肥 »P151

採收後再將肥料施於兩側，稍微撥鬆土壤表面使兩者混合。

POINT

全部採收完畢再追肥

這些被留下來的植株還會再發新芽、再次長大，所以為了促進生長，等全部採收完畢後要一併進行追肥。

青花菜

DATA

科目：十字花科	易發生的病蟲害：青蟲、蚜蟲
難易度：★★	盆器尺寸：中型～
栽種場所：日照充足處	這裡使用的盆器
生育適溫：15～20℃	・直徑 30cm
株間：40cm	・高 31cm
連作障礙：有	

栽種時程　━ 定植　━ 採收

1	2	3	4	5	6	7	8	9	10	11	12

(!) 雖然也可春種，但春種易抽苔，秋種會比較好養。

選苗

定植

把幼苗種進盆栽內 »P147

在土壤中挖出比黑軟盆還要大一點的洞，把幼苗從黑軟盆取出放進盆栽內，覆土後輕壓，再澆滿水。

POINT

架設防蟲網預防青蟲

青花菜很容易受到青蟲侵害，最好在定植後架設防蟲網。而且為了預防蝴蝶產卵，最好架到蝴蝶不會出沒的期間會比較安心（→P157）。若沒有架網，就需時常巡視，一發現產卵要立即驅除。

立支柱

架設支柱 »P152

待植株長高至 15cm 左右，快要站不穩時，就要架設支柱。用繩子把莖和支柱固定在一起。

採收

切下頂花蕾

等到頂部的花蕾（頂花蕾）直徑長到約 10cm，就用菜刀從莖部割下。

POINT

趁花苞緊實時盡早採收

當花苞開始膨脹後，整體會變得很鬆散，口感也會變得不佳，所以要趁花苞還緊實時採收。而且花蕾一下子就會長大，要頻繁檢查花苞的狀況。

保留側芽

採收完頂花蕾並不算結束，依照不同品種，有時還會長出側芽，就連側花蕾也能食用。採收時記得把側芽留下來，便能享受長期採收的樂趣。

剪下側花蕾

從側邊長出的花蕾（側花蕾）長到直徑 3～5cm 時，用剪刀從莖部剪下。之後也以同樣的方式繼續採收長大的側花蕾。

摘除黃葉及耗葉

不健康的葉片是問題的來源，若發現有變黃的葉片要立即摘除。握住葉片的根部一口氣往下壓，便能輕鬆折斷。

追肥

施肥 »P151

定植後過一個月左右，將肥料施於植株周圍。之後以一個月一次為基準追肥。

貝比生菜

■ 播種

條播播種 »P144

挖出深約 0.5cm 的圓形淺溝，圓與圓的間隔距離 3～4cm。種子不重疊地散播在土壤中，補土後輕壓，再澆滿水。

POINT

淺播

由於綜合種子內含需要陽光才會發芽的好光性種子，在播種時挖出淺淺的溝，也鋪上薄薄一層土即可。澆水時也要十分輕柔，否則水壓會把種子沖走。

DATA

科目：十字花科、菊科等	易發生的病蟲害：青蟲、蚜蟲
難易度：★	盆器尺寸：小型～
栽種場所：日照充足處	
生育適溫：15～20℃	
列間：3～4cm	
連作障礙：有	・直徑 30cm・高 18cm

栽種時程　━ 播種　━ 採收

1	2	3	4	5	6	7	8	9	10	11	12

春：播種 3月～5月；採收 3月下旬～5月
秋：播種 8月～9月；採收 9月～11月

施肥 »P151

採收後再將肥料施於植株周圍，稍微撥鬆土壤表面使兩者混合。

再次採收

待葉片再次長到 10～15cm，一樣留下 2～3cm 的長度，再用剪刀剪下來。採收後再施肥，之後便能以同樣的方式重複採收。

適合初學者的蔬菜

貝比生菜除了盛夏、嚴冬之外，幾乎一整年都可栽種，而且生長期很短，非常適合初學者栽種。若盆栽有一～二個月的空窗期，不妨嘗試種看看貝比生菜。

施肥 »P151

播種後過一個月左右，將肥料施於植株周圍，稍微撥鬆土壤表面使兩者混合。

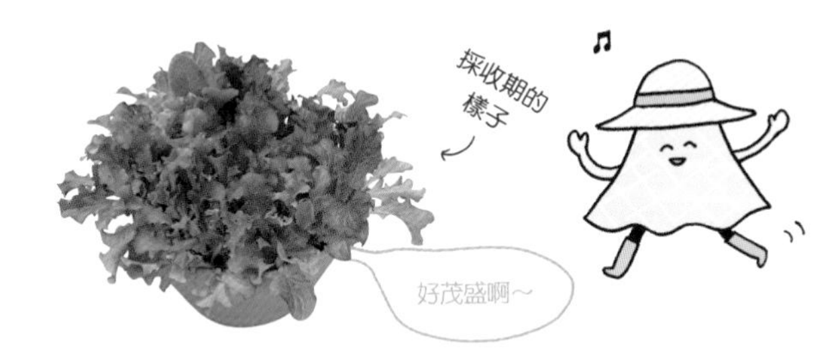

從植株底部剪下

葉片長至 10～15cm 時，底部留下 2～3cm 的長度，再用剪刀採收下來。

POINT

留下植株底部一小部分

收割重點在於要切除比葉片的分歧點（生長點）更上面的部分。如此一來，留下的莖會再繼續生長，便可採收多次。

菠菜

DATA

科目：莧科	易發生的病蟲害：幾乎沒有
難易度：★★	盆器尺寸：小型～
栽種場所：日照充足處	
生育適溫：15～20℃	
列間：10～15cm	
連作障礙：有	・寬 20cm・長 45cm・高 16cm

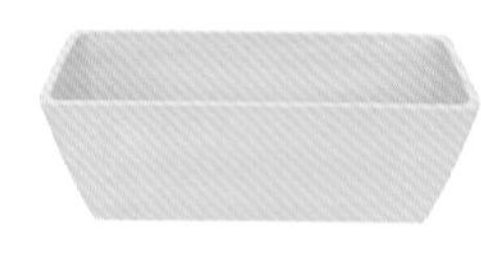

這裡使用的盆器

栽種時程　━ 播種　━ 採收

1	2	3	4	5	6	7	8	9	10	11	12

春　春　秋　秋

！ 西洋種適合春種；東洋種適合秋種。

播種

條播播種 »P144

挖出兩條深約 1cm 的淺溝，兩列的間隔距離 10～15cm。種子不重疊地散播在土壤中，補土後輕壓，再澆滿水。

POINT

晚上不照光

菠菜具有日照時間一長便容易從心葉長出花莖的特性，所以，晚上務必把菠菜放在不會照到玄關燈或路燈的地方。

疏苗 1

拔除過於密集的植株 »P148

待植株長至 5～6cm，就要進行疏苗，讓植株之間維持 2～3cm 的距離。

疏苗前　疏苗後

覆土

將土壤覆蓋至植株底部，輕壓土面。

■ 追肥

施肥 »P151

播種後過一個月左右，將肥料施於兩側，稍微撥鬆土壤表面使兩者混合。之後以二～三週一次為基準追肥。

可以同時進行疏苗、追肥、覆土

疏苗和追肥後，土壤會鬆動，此時會一併進行覆土。若時間能配合，同時進行疏苗、追肥和覆土會較有效率。

■ 疏苗 ②

株間維持 5～6cm »P148

當植株長至 8cm 左右，必須再次疏苗，使植株之間維持 5～6cm 的距離。

■ 疏苗 ③

株間維持 8～10cm »P148

當植株長至 15～20cm，必須再次疏苗，使植株之間維持 8～10cm 的距離。

■ 採收

從植株底部拔起

待植株長至 20～25cm，握住底部往上拔起。

汆燙時的溫度比加鹽更重要

要讓菠菜燙出翠綠的顏色，保持熱水的溫度比加鹽更重要。在滾燙的沸水中，一口氣放入大量菠菜會使溫度降低，因此分次放入 2～3 株菠菜，迅速燙好就撈出即是訣竅。

水菜

播種

條播播種 »P144

挖出兩條深約 1cm 的淺溝，兩列的間隔距離 15～20cm。種子不重疊地散播在土壤中，補土後輕壓，再澆滿水。

疏苗 1

拔除過於密集的植株 »P148

待子葉完全展開，與旁邊的葉片緊密相連時，就要疏苗，讓植株之間維持 1～2cm 的距離。

DATA

科目：十字花科

難易度：★

栽種場所：日照充足處

生育適溫：15～25℃

列間：15～20cm

連作障礙：有

易發生的病蟲害：
青蟲、蚜蟲、斑潛蠅

盆器尺寸：小型～

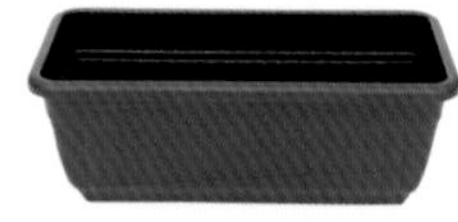

這裡使用的盆器

・寬 20cm・長 45cm・高 17cm

栽種時程　━ 播種　━ 採收

1	2	3	4	5	6	7	8	9	10	11	12

株間維持 5～6cm »P148

當植株長至 8cm 左右，植株又過度密集時，進行疏苗讓植株之間維持 5~6cm 的距離。疏苗後覆土，輕輕按壓。

POINT

疏苗後別忘了覆土

為了讓植株有良好的生長環境，使其更加茁壯，所以需要疏苗。但植株軟趴趴的很容易倒塌，疏苗後一定要確實將土壤覆蓋至植株底部，幫助它穩固。

追肥

施肥 »P151

播種後過一個月左右，將肥料施於兩側，並稍微撥鬆土壤表面使兩者混合。之後以二～三週一次為基準追肥。

疏苗 3

株間維持 8～10cm »P148

當植株長至 15～20cm 時，再次疏苗，讓植株之間維持 8～10cm 的距離。

採收

從植株底部剪下

待植株長至 25cm 左右，便用剪刀從植株底部剪下。

品嘗美味小訣竅！

建議要快速汆燙

水菜除了能夠生食，汆燙後做成涼拌菜也很好吃。為了保留水菜獨特的嗆辣口感，用大約 80℃的熱水汆燙即可。要做沙拉時，輕輕抹鹽再與醬汁充分混合便很美味。

球芽甘藍

選苗

定植

把幼苗種進盆栽內 »P147

在土壤中挖出比黑軟盆還要大一點的洞，把幼苗從黑軟盆取出放進盆栽內，覆土後輕壓，再澆滿水。

必要時架設臨時支柱

在幼苗長大前若站得很不穩，可以在植株旁邊架設臨時支柱。之後還會架主要支柱，所以現在用免洗筷之類的簡易支柱也沒關係。

立支柱

架設支柱 »P152

待植株長高至約 15cm 後，就要架設支柱，用繩子把莖和支柱固定在一起，以防植株倒塌。

DATA

科目：十字花科

難易度：★★

栽種場所：日照充足處

生育適溫：15～25℃

株間：30～40cm

連作障礙：有

易發生的病蟲害：青蟲、蚜蟲

盆器尺寸：大型

・直徑 35cm
・高 28cm

栽種時程　— 定植　— 採收

1	2	3	4	5	6	7	8	9	10	11	12

觀察球芽生長的情況再摘除下葉

在這裡是分三次摘除下葉，但其實不用拘泥於次數，只要球芽變大，葉片會影響到球芽生長，即可隨時摘除下葉。不過要記住，得一直保留 10 片左右的葉片在植株上。

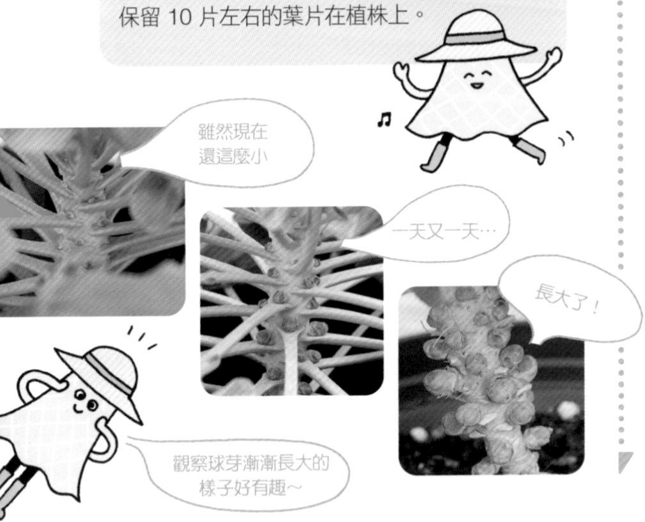

整理球芽

拔除發育不良的球芽

若在植株底部發現細小或孱弱的球芽，可用手直接摘除。

採收

用手指摘取

待球芽長大至直徑 3cm 左右，就能從結實的球芽開始依序取下，可以用手摘或用剪刀剪。

追肥

施肥 »P151

定植後過一個月左右，將肥料施於植株周圍。之後以一個月一次為基準追肥。

摘除下葉

配合生長狀況摘除下葉

發現葉腋處（莖與葉柄的連接處）長出小小的側芽後，便開始拔除 4～5 片下葉。之後若球芽生長的空間變得擁擠，第二次就要把植高一半以下的下葉全拔除。第三次則要把約佔整體 1/3 的下葉拔除。

POINT

摘除葉片讓側芽有生長空間

側芽的上下兩端若有葉片會影響側芽的生長，為了確保生長空間，必須要適度摘除。此動作還有維持日照充足、讓養分傳送到側芽的目的。由於葉片紮實地生長在莖幹上，請握住葉腋處用力往下壓，便能輕鬆摘除。

摘除下葉第三次前

摘除下葉第三次後

埃及國王菜

選苗

定植

把幼苗種進盆栽內 »P147

在土壤中挖出比黑軟盆還要大一點的洞，把幼苗從黑軟盆取出放進盆栽內，覆土後輕壓，再澆滿水。

疏苗

疏苗至僅留一株 »P148

待植株長至 15cm 左右，留下健壯、莖粗、葉大的一株，其餘的都從底部剪除。

POINT

只留下一株養育長大

雖然也有保留所有幼苗的養育法，但隨著生長，會過度密集，為了讓植株長得健壯，才會只留下一株幼苗。就算只有一株，採收量也很可觀喔。

DATA

科目：錦葵科

難易度：★

栽種場所：日照充足處

生育適溫：25～30℃

株間：25～30cm

連作障礙：有

易發生的病蟲害：蟎蟲

盆器尺寸：中型～

栽種時程　— 定植　— 採收

1	2	3	4	5	6	7	8	9	10	11	12

採收

剪下前端

從莖的前端開始，適量地採收稚嫩的葉片，保留側芽生長的地方。

POINT

依照側芽發芽的順序採收

若放任不管，植株會長得太高，必須頻繁採收，促進側枝的生長。儘量讓植株維持一致的高度也是栽培的重點。

開花即是採收結束的信號

埃及國王菜的豆莢和種子有毒，無法食用。雖然花沒有毒，但一旦開花便有可能會長出豆莢，此時必須結束採收。

摘心

切除前端

待植株長至 30cm 左右，把約 10cm 的前端切除。

POINT

摘心可促進生長

切除的位置必須在長出側芽的莖節上面。因為有摘心，嬌嫩的側芽才能逐漸長大，還能增加採收量。

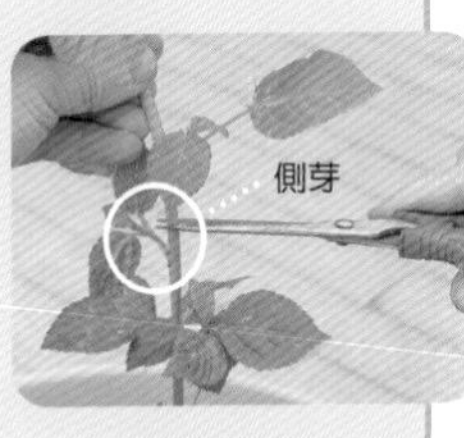

追肥

施肥 »P151

定植後過一個月左右，將肥料施於植株周圍。之後以一個月一次為基準追肥。

橡葉萵苣

■選苗

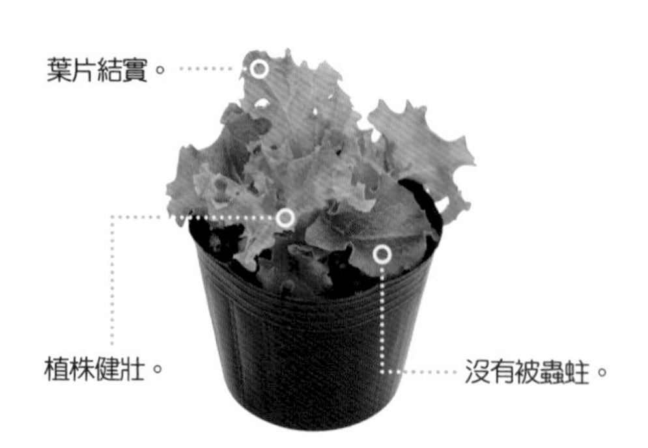

把幼苗種進盆栽內 »P147

在土壤中挖出比黑軟盆還要大一點的洞，把幼苗從黑軟盆取出放進盆栽內，覆土後輕壓，再澆滿水。

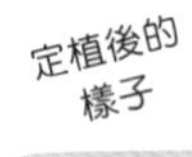

DATA

科目：菊科	易發生的病蟲害：青蟲、蚜蟲、斑潛蠅
難易度：★	盆器尺寸：小型～
栽種場所：日照充足處	
生育適溫：15～20℃	
株間：20～25cm	
連作障礙：有	・寬 20cm・長 45cm・高 16cm

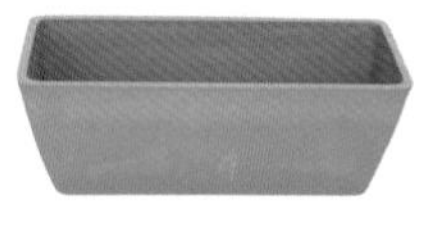

栽種時程　— 定植　— 採收

1	2	3	4	5	6	7	8	9	10	11	12

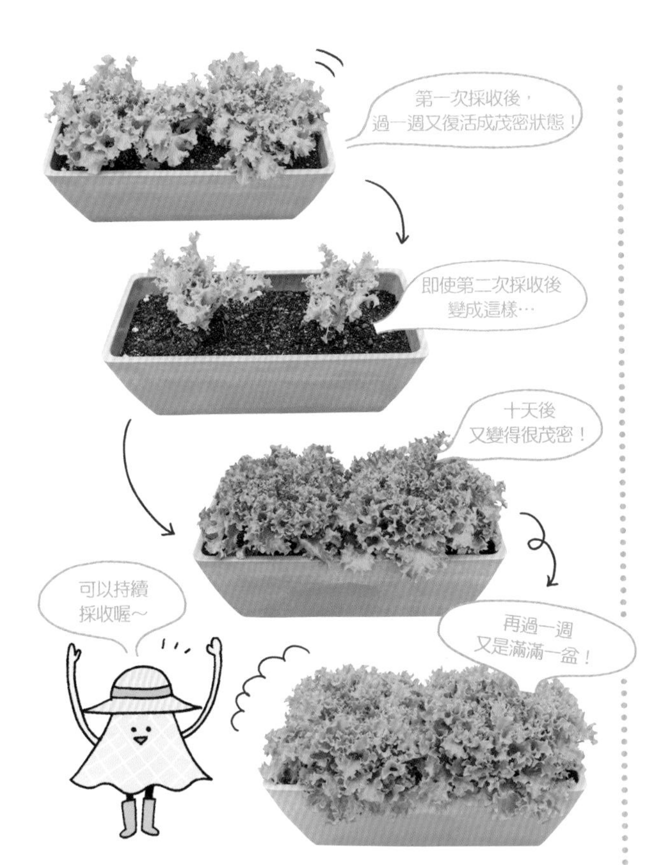

整株採收

當正中間變得十分茂盛時，即是採收結束的信號。用剪刀從地際處把整株剪下來。

COLUMN

可泡在水杯裡當作廚房擺飾

採收下來的葉片浸泡在水裡，可保持清脆。如圖擺在廚房裡，可隨時取用十分便利，還能成為自然的裝飾品，增添居家綠意。

追肥

施肥 »P151

定植後過一個月左右，將肥料施於植株周圍。之後以一個月一次為基準追肥。

採收

從外葉開始採收

葉片長到 10～15cm 時，將大片的外葉一片一片用剪刀剪下。

POINT

從外側的葉片開始少量採收

新的葉片會從內側長出來，可透過採收外葉促進新葉生長，享受長期採收的樂趣。

葉片長到這麼大，
已經很夠吃了！

結球萵苣

DATA

科目：菊科	易發生的病蟲害：青蟲、蚜蟲、斑潛蠅
難易度：★★	盆器尺寸：中型～
栽種場所：日照充足處	
生育適溫：15～20℃	
株間：25～30cm	
連作障礙：有	・寬 20cm・長 50cm・高 18cm

這裡使用的盆器

栽種時程　━ 定植　━ 採收

1	2	3	4	5	6	7	8	9	10	11	12
春								秋			

選苗

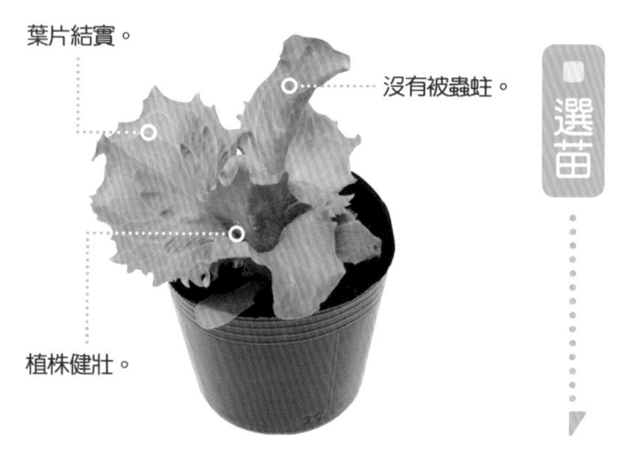

定植

把幼苗種進盆栽內 »P147

在土壤中挖出比黑軟盆還要大一點的洞，把幼苗從黑軟盆取出放進盆栽內，覆土後輕壓，再澆滿水。

追肥

施肥 »P151

定植後過一個月左右，將肥料施於植株周圍。之後以一個月一次為基準追肥。

採收

確認緊實度後剪下

按壓結球上方，確認硬度，只要感覺硬梆梆的就是採收最佳時機。用剪刀從地際處把整株剪下來。

栽種
果實類

毛豆

選苗

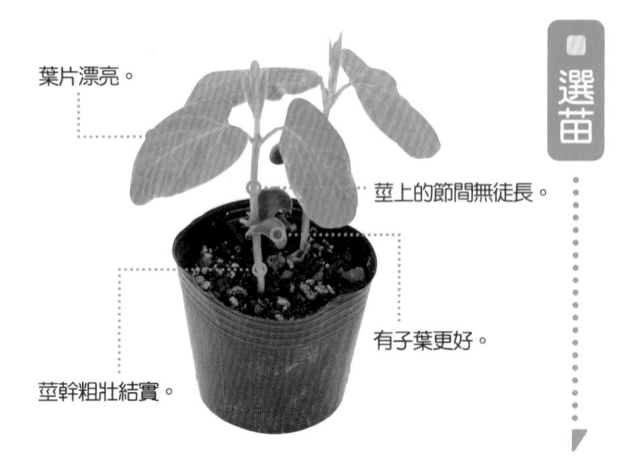

定植

把幼苗種進盆栽內 »P147

在土壤中挖出比黑軟盆還要大一點的洞，把幼苗從黑軟盆取出放進盆栽內，覆土後輕壓，再澆滿水。

DATA

科目：豆科	易發生的病蟲害：青蟲、椿象
難易度：★	盆器尺寸：中型～
栽種場所：日照充足處	
生育適溫：20～25℃	
株間：20～25cm	
連作障礙：有	・寬 22cm・長 45cm・高 27cm

栽種時程　— 定植　— 採收

1	2	3	4	5	6	7	8	9	10	11	12

採收

確認果實緊實度

豆莢圓潤飽滿，捏住果實就像快被擠出來的膨脹度，即是採收最佳時機。

整株拔起

握緊植株底部，用力往上拉。

或是逐一採收豆莢

若要等到所有的豆莢都鼓脹，可能會不小心錯過採收期，因此若有發現圓潤飽滿的果實可先行採收。

品嘗美味小訣竅！

用比海水還鹹的沸水汆燙

剪掉豆莢兩端再抹鹽，以 4%鹽分的沸水汆燙約 3 分半鐘後，放在篩網上冷卻。雖然比海水的鹽分濃度（約 3.4%）還高，但汆燙後的味道會剛剛好。

追肥

施肥 »P151

定植後過一個月左右，將肥料施於植株周圍。

POINT

只追肥一次就好

豆科蔬菜的根部都長有「根瘤菌」。根瘤菌除了從蔬菜獲取養分，也會從空氣中汲取氮素提供給蔬菜。因此，豆科蔬菜不太需要施肥。若施肥過度，只會造成葉片和莖幹變得肥大，不易結果。

開花期要注意害蟲 »P158

毛豆在開花期容易引來椿象，牠們會吸取剛結成的豆莢汁液，使得豆莢尚未結果完成便掉落。因此只要發現椿象就要立即驅除，或是在發花芽前先架設防蟲網會比較安心。

秋葵

DATA

科目：錦葵科	易發生的病蟲害：蚜蟲、捲葉蟲
難易度：★	盆器尺寸：大型～
栽種場所：日照充足處	
生育適溫：20～30℃	
株間：30～40cm	
連作障礙：有	

栽種時程　— 定植　— 採收

1	2	3	4	5	6	7	8	9	10	11	12

選苗

定植

把幼苗種進盆栽內 »P147

在土壤中挖出比黑軟盆還要大一點的洞，把幼苗從黑軟盆取出放進盆栽內，覆土後輕壓，再澆滿水。

疏苗

疏苗至留下二株 »P148

待植株長至 10cm 左右，把細小、彎曲的幼苗從底部剪除，只留下二株。

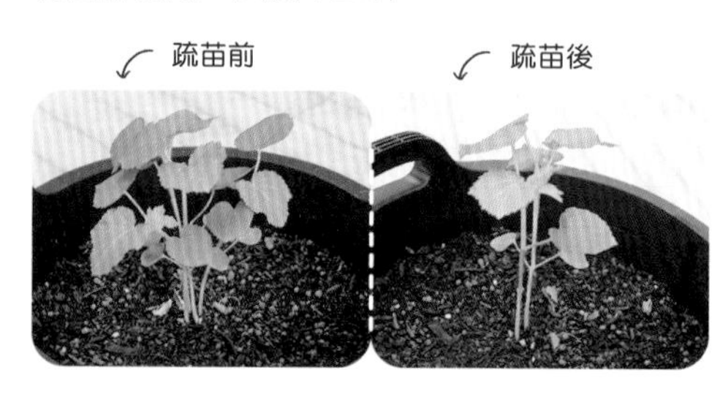

採收

從果實蒂頭剪下

待秋葵長到 6～7cm 後，用剪刀採收。

POINT

不錯過採收期

秋葵一下子就長大了，必須趁果實還軟嫩時採收。若果實長得過大，不論汆燙得再久，口感還是會很硬，不好咬也不好吃。

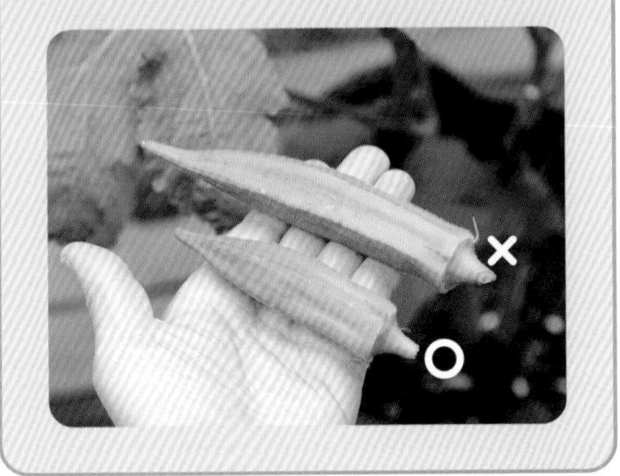

品嘗美味小訣竅！

做成黏稠的「綠色秋葵泥」

用刀面拍打汆燙過的秋葵，釋放出黏液，可做成秋葵泥。拿來淋在飯上，或佐上鮪魚生魚片都很適合，跟山藥泥有異曲同工之妙。若要拌飯，和生蛋黃拌在一起，口感會更有層次。

追肥①

施肥 »P151

定植後過一個月左右，將肥料施於植株周圍。

不用擔心莖葉上的透明小顆粒

葉片和莖上有一粒粒宛如水滴般的透明小顆粒，是秋葵特有的生理現象，但很容易被誤認為是生病或蟲卵，置之不理即可。

追肥②

施肥 »P151

自第一次施肥後過一個月左右，再將肥料施於植株周圍。

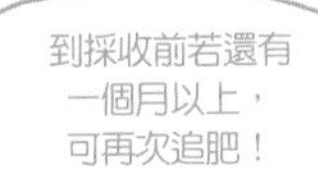

南瓜（迷你種）

選苗

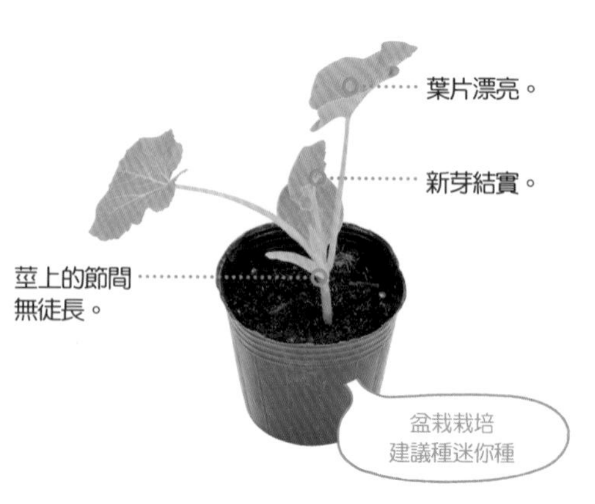

定植

把幼苗種進盆栽內&立支柱 »P147、152

在土壤中挖出比黑軟盆還要大一點的洞，把幼苗從黑軟盆取出放進盆栽內，覆土後輕壓。架設圓形支柱後，再澆滿水。

誘引

將藤蔓綁在支柱上 »P154

匍匐莖母株（主枝）長長後，誘引到支柱上並用繩子綁好。

POINT

匍匐莖母株一長長便誘引

若放任長長的匍匐莖母株不管，有可能會折損或在別處纏繞打結，所以，只要母株長長了就要誘引至支柱，並用繩子固定住。

DATA

科目：葫蘆科	易發生的病蟲害：蚜蟲、黃守瓜、粉蝨
難易度：★★	盆器尺寸：大型～
栽種場所：日照充足處	
生育適溫：20～25℃	
株間：1m	
連作障礙：不太發生	

栽種時程　━ 定植　━ 採收

	1	2	3	4	5	6	7	8	9	10	11	12
定植					━	━						
採收								━				

人工授粉

準備好雄花 »P155

剪下雄花後，剝下花瓣，讓雄蕊整根露出來。

進行授粉 »P155

將雄花的花粉沾在雌蕊上。

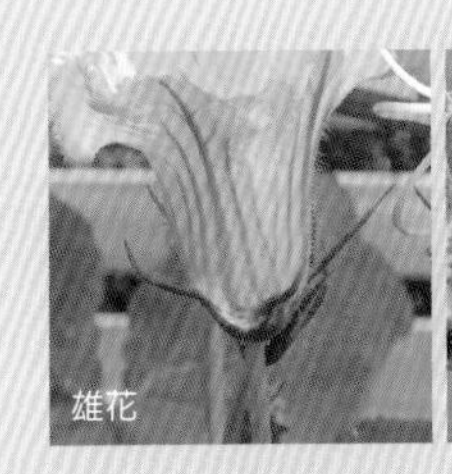

如何分辨雄花與雌花

仔細看花朵的根部，有鼓起的是雌花，沒有鼓起的是雄花。

追肥

施肥 »P151

定植後過一個月左右，將肥料施於植株周圍。之後以一個月一次為基準追肥。

摘心

匍匐莖子株摘心 »P150

藤蔓長長，並長出子株（側芽）後，隨即用剪刀全部切除。之後只要看到長出子株便馬上切除，只讓母株生長。

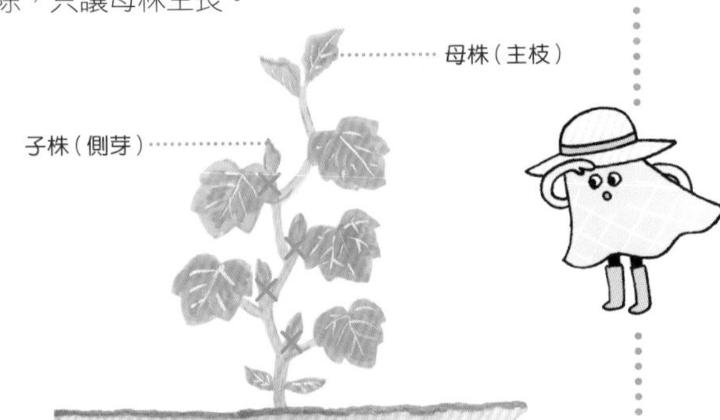

POINT

分辨母株與子株

子株是從母株和葉腋處間長出來的側芽。若只看藤蔓前端，分辨不出是母株還子株時，回溯至植株底部，觀察是否為從葉腋處長出的芽，即是子株。

採收

從蒂頭剪下

當蒂頭變得乾燥像是軟木塞時，即是採收時機。用剪刀剪下南瓜。

POINT

利用蒂頭和果皮來判斷熟度

當蒂頭整體變得硬梆梆的，果皮完全失去光澤、變成墨綠色即是成熟的信號。採收後先不馬上料理，再放個七至十天，南瓜會變得更甜更好吃。

太早採收，果肉偏黃、色澤偏淡。

適採期採收，果肉呈橘色、色澤較深。

去除未結果的雌花

即使人工授粉，也會有雌花不會結果。只要看到果實沒有長大的雌花就要立即去除。

懸掛

用網子吊起果實

待果實長大至 5～6cm 後，裝進網子內，用繩子固定在支柱上。不用把繩子綁太緊，調整成能讓果實自然懸吊的長度。

網子的作法

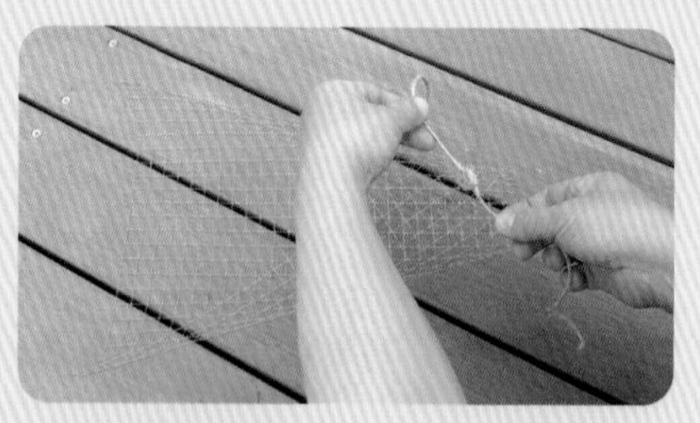

剪下能包覆果實大小的網子，折成兩半，在左右兩端各綁上繩子。

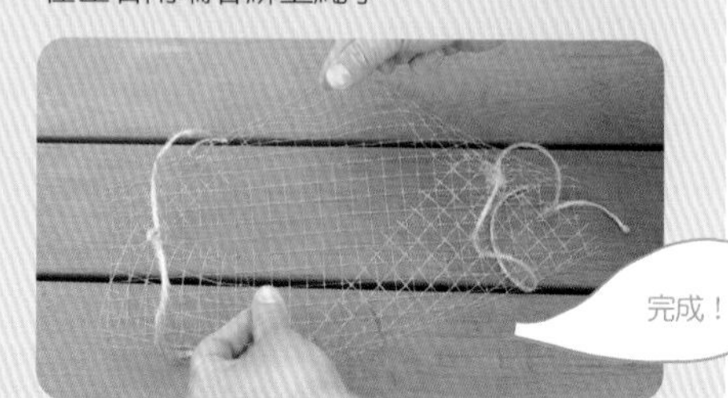

品嘗美味小訣竅！

不用高湯，用水煮就很好吃！

南瓜是自帶甜味的蔬菜，所謂「甜味即是鮮味」，料理時不需要再多加調味。若特意用柴魚高湯來燉煮，柴魚的味道會搶過南瓜的風味，無法嘗到南瓜原本的滋味，所以建議直接用水煮就很好吃。

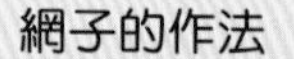

小黃瓜

■ 選苗

新芽結實。

莖上的節間
無徒長。

葉色深，
葉片飽滿。

有子葉更好。

■ 定植

把幼苗種進盆栽內 »P147

在土壤中挖出比黑軟盆還要大一點的洞，把幼苗從黑軟盆取出放進盆栽內，覆土後輕壓。

立支柱 »P152

架設 180cm 高的圓形支柱。再澆滿水。

DATA

科目：葫蘆科

難易度：★★

栽種場所：日照充足處

生育適溫：20～25℃

株間：40cm

連作障礙：有

易發生的病蟲害：
白粉病、蔓枯病、露菌病、細菌性斑點病、嵌紋病、蚜蟲、黃守瓜、斑潛蠅

盆器尺寸：大型～

這裡使用的盆器

・直徑 35cm
・高 34cm

栽種時程　— 定植　— 採收

1	2	3	4	5	6	7	8	9	10	11	12

果實類

誘引

將藤蔓綁在支柱上 »P154

藤蔓長長後，誘引到支柱上並用繩子綁起。有些時候只要將藤蔓放在支柱上，藤蔓自然就會攀上支柱，可視當下情況決定是否要用繩結固定。

POINT

藤蔓一長長便隨時誘引

若放任長長的藤蔓不管，垂下來有可能會纏繞打結。只要看到它長長了，就要馬上誘引至支柱。

摘除黃葉或耗葉

不健康的葉片是問題的來源，生長過程中若發現有變黃的葉片要立即摘除。

摘芽

摘除側芽 »P149

待植株長大、長出側芽後，由下往上數第 5～6 片葉片間所長出的側芽，全用手摘除。

POINT

全部清乾淨，預防病蟲害

把側芽全摘除，是為了不讓植株下方的藤蔓和葉片過度密集。只要做好空氣流通和日照充足，便能預防病蟲害。

注意夏季容易缺水

小黃瓜紮根較淺，土壤很容易缺水，因此夏季最好早晚各澆一次水。但也有可能還是不夠，枯萎和虛弱的情形會一再發生，此時，即便是沒枯萎的葉片，也最好把上面剪掉，促使側芽生長。

採收

從蒂頭剪下

待小黃瓜長到 18～20cm 後，用剪刀採收。

在小黃瓜的生產旺季，長大速度會變快，必須頻繁檢查！

品嘗美味小訣竅！

大火快炒小黃瓜，跟生食的滋味截然不同！

常被拿來生食的小黃瓜，也很適合快炒。不過鐵則是必須要用「大火快炒」，讓小黃瓜不會過熟。切成滾刀塊的小黃瓜經過拌炒，只要加點鹽或醬油等簡單調味就很美味。

摘心

切除前端 »P150

當藤蔓超過支柱的高度，必須把前端切除。

POINT

切除超過支柱的藤蔓

當藤蔓長高到超過支柱後，會很不好處理，藤蔓和葉片也會長得過度茂盛，必須要切除前端抑止生長，讓植株不再往上長。之後若發現子株（圖 A）超過支柱時，也以同樣方式摘心。

追肥

施肥 »P151

定植後過一個月左右，將肥料施於植株周圍。

POINT

結果後要縮短追肥間隔時間

緩效性肥料通常在一個月內都有藥效，但小黃瓜吸收養分的速度很快，只要開始結果，就以每半個月一次為基準追肥。

豌豆

選苗

定植

立支柱 »P152

架設圓形支柱。

把幼苗種進盆栽內 »P147

在支柱旁邊挖出比黑軟盆還要大一點的洞，把幼苗從黑軟盆取出放進盆栽內，覆土後輕壓，再澆滿水。

POINT

不要太早定植

幼苗若在冬季來臨前就先長大，會無法負荷寒冬，最好讓幼苗（植高 10～20cm）度冬。若植株生長到超過高度，可放置在吹不到寒風的地方。

DATA

科目：豆科	**易發生的病蟲害**：白粉病、細菌性斑點病、蚜蟲、斑潛蠅
難易度：★	
栽種場所：日照充足處	**盆器尺寸**：大型～
生育適溫：15～20℃	 這裡使用的盆器
株間：25～30cm	・直徑 35cm
連作障礙：有	・高 34cm

栽種時程　━ 定植　━ 採收

1	2	3	4	5	6	7	8	9	10	11	12
			採收							定植	定植

(!) 豌豆具備一遇上冬季低溫就無法發出花芽的特性，一般而言都是在秋季定植後度冬，春天再行採收。

追肥

施肥 »P151

度冬後在氣溫變暖前的二～三月左右，將肥料施於植株周圍。

好可愛的花喔～

採收

從蒂頭剪下

待果實長大到圓潤飽滿，豆莢開始生皺紋後，用剪刀採收。

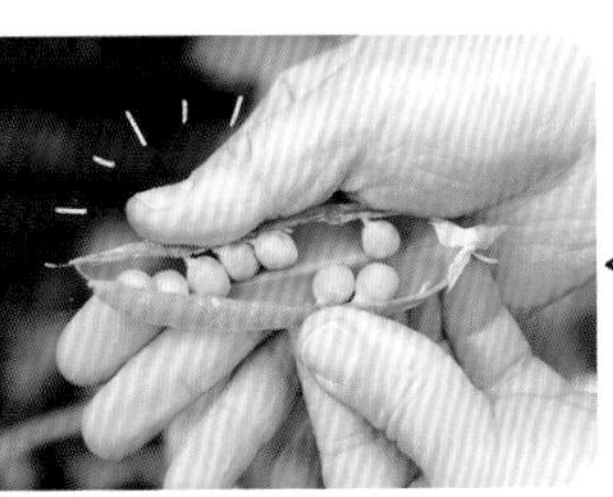

品嘗美味小訣竅！

慢慢放涼是讓表皮漂亮的關鍵

豌豆汆燙完，若馬上泡冷水，會因為急速冷卻而讓豆莢產生皺紋。建議迅速汆燙後關火，直接放在原鍋熱水中降溫。這麼做便能讓豌豆的表皮平整，得到美麗翡翠色的豌豆。

疏苗

疏苗至留下二株 »P148

待植株長至 15～20cm，進行疏苗，只留下二株健壯、莖粗的幼苗，其餘的從底部剪除。

超過三株才須疏苗

只有在盆栽內有生長複數株幼苗時才須疏苗。若盆栽內只有二株幼苗則無須疏苗。

現在起到春季為止，
要好好澆水做好管理～

誘引

將藤蔓綁在支柱上 »P154

當植株長至 20cm 左右，藤蔓開始下垂時，便誘引到支柱上用繩子綁起。之後只要發現藤蔓長長，便隨時誘引。

POINT

將長長的藤蔓固定在一起

生長中的藤蔓會自然攀上支柱，而藤蔓也會互相纏繞在一起，最好將藤蔓誘引至支柱上。

四季豆（無蔓種）

選苗

定植

把幼苗種進盆栽內 »P147

在土壤中挖出比黑軟盆還要大一點的洞，把幼苗從黑軟盆取出放進盆栽內，覆土後輕壓，再澆滿水。

疏苗

疏苗至留下二株 »P148

定植後過七～十天，進行疏苗，只留下二株健壯、莖粗的幼苗，其餘的從底部剪除。

DATA

科目：豆科	易發生的病蟲害：細菌性斑點病、蚜蟲
難易度：★	盆器尺寸：大型～
栽種場所：日照充足處	
生育適溫：15～25℃	
株間：25～30cm	
連作障礙：有	・寬 22cm・長 45cm・高 27cm

栽種時程　— 定植　— 採收

1	2	3	4	5	6	7	8	9	10	11	12

追肥

施肥 »P151

定植後過一個月左右，將肥料施於植株周圍。

POINT

只追肥一次就好

豆科蔬菜因為根瘤菌的緣故，不太需要施肥（→P59）。而且無蔓種的栽種期短，只追肥一次即可。

發現細細長長的
四季豆實實了！

採收

從蒂頭剪下

待豆莢長到 12～15cm 後，用剪刀採收。

POINT

趁果實尚未長得很明顯時採收

要趁豆莢內的果實尚未長過大時採收，四季豆才會軟嫩好吃。從豆莢表面能隱約看到果實的形狀，即是採收的適當時機。錯過採收期，豆莢會變硬喔。

立支柱

架設支柱 »P153

植株長高到似乎快倒塌的時候，架設支柱，綁三條上下平行的繩子，做出四方形支柱。

POINT

即使是無蔓種也要立支柱

雖然種無蔓種似乎沒有立支柱的必要，但為了防止植株倒塌，還是架起支柱用繩子圍住，支撐植株會比較妥當。

荷蘭豆

選苗

定植

立支柱 »P152

架設圓形支柱。

把幼苗種進盆栽內 »P147

在土壤中挖出比黑軟盆還要大一點的洞，把幼苗從黑軟盆取出放進盆栽內，覆土後輕壓，再澆滿水。

POINT

不要太早定植

幼苗若在冬季來臨前就先長大，會無法負荷寒冬，最好讓幼苗（植高 10～20cm）度冬。若植株生長至超過高度，可放置在吹不到寒風的地方。

DATA

科目：豆科	易發生的病蟲害：白粉病、細菌性斑點病、蚜蟲、斑潛蠅
難易度：★	
栽種場所：日照充足處	盆器尺寸：大型～
生育適溫：15～20℃	
株間：25～30cm	
連作障礙：有	

栽種時程 — 定植 — 採收

1	2	3	4	5	6	7	8	9	10	11	12

荷蘭豆有一遇上冬季低溫就無法發出花芽的特性，一般而言都是在秋季定植後度冬，春天再行採收。

追肥

施肥 »P151

度冬後在氣溫變暖前的二～三月左右，將肥料施於植株周圍。

採收

從帶頭剪下

看得出來豆莢內的果實有稍微鼓脹時，便用剪刀採收。

疏苗

疏苗至留下二株 »P148

待植株長至 15～20cm，留下二株健壯、莖粗的幼苗，其餘的從底部剪除。

超過三株幼苗才須疏苗

只有在盆栽內有生長複數株幼苗時才須疏苗。若只有二株幼苗則無須疏苗。

現在起要好好澆水，
等待春天來臨～

誘引

將藤蔓綁在支柱上 »P154

當植株長至 20cm 左右，藤蔓開始下垂時，便誘引到支柱上用繩子綁起。之後只要發現藤蔓長長，便可隨時誘引。

POINT

將長長的藤蔓固定在一起

生長中的藤蔓會自然攀上支柱，而藤蔓也會互相纏繞在一起，最好將藤蔓誘引至支柱上。

獅子唐青椒

選苗

定植

把幼苗種進盆栽內 »P147

在土壤中挖出比黑軟盆還要大一點的洞，把幼苗從黑軟盆取出放進盆栽內，覆土後輕壓。

立支柱 »P152

架設支柱，用繩子把莖和支柱固定在一起，再澆滿水。

順應植高，追加支柱和繩結

之後若植株繼續長大，可適度用繩子將莖固定在支柱上。另外，若一根支柱無法支撐，可自行追加支柱。

DATA

科目：茄科	易發生的病蟲害：蚜蟲、椿象
難易度：★	盆器尺寸：大型～
栽種場所：日照充足處	
生育適溫：20～30℃	
株間：45～60cm	
連作障礙：有	

栽種時程　━ 定植　━ 採收

1	2	3	4	5	6	7	8	9	10	11	12

追肥

施肥 »P151

定植後過一個月左右，將肥料施於植株周圍。之後以一個月一次為基準追肥。

讓第一顆果實自然生長

為了促進植株生長，有一種採收方法是，要趁開花後一開始結的果實（第一顆果實）還小就趕緊採收下來。但也有另種說法是，一開始結的果實，凝結了許多精華，味道非常美味。因此，本書採用讓第一顆果實自然生長、養大後再採收的方式，這正是家庭菜園才會有的體驗。

採收

從蒂頭剪下

待獅子唐青椒長到 5～7cm 後，用剪刀採收。

摘芽

摘除第一朵花以下的側芽 »P149

當第一朵花開時，將第一朵花以下的側芽全部摘除。之後若又長出側芽，只要發現就摘掉。

POINT 促進新枝生長

若不摘芽，植株底部過度密集可能會導致空氣不流通，以致影響結果。透過把第一朵花以下的側芽全部摘除，讓第一朵花以上的枝芽得到更多的養分，結出來的果實才會漂亮。

如果靠近根部的地方有新枝，也要用剪刀剪掉。

櫛瓜

選苗

定植

把幼苗種進盆栽內 »P147

在土壤中挖出比黑軟盆還要大一點的洞，把幼苗從黑軟盆取出放進盆栽內，覆土後輕壓，再澆滿水。

追肥

施肥 »P151

定植後過一個月左右，將肥料施於植株周圍。

不用擔心葉片上的白色花紋

櫛瓜葉片上的白色花紋（圖左），是天生的，此特徵容易跟白粉病（圖右）混淆，只要辨識清楚就不用過度擔心。

只要花紋是沿著葉脈生長就 OK！

DATA

科目：葫蘆科	易發生的病蟲害：白粉病、蚜蟲
難易度：★★	盆器尺寸：大型～
栽種場所：日照充足處	
生育適溫：20～25℃	
株間：80～100cm	
連作障礙：不太發生	

栽種時程　━ 定植　━ 採收

1	2	3	4	5	6	7	8	9	10	11	12

進行授粉 »P155

將雄花的花粉沾在雌蕊上。

分辨雄花與雌花

仔細看花的根部，有鼓起的是雌花，沒有鼓起的是雄花。

剪除畸形果

因為授粉不完全才會長出畸形果，這會使得果實腐爛，養分無法傳送給其他果實，所以只要發現畸形果，就要立即用剪刀從根部剪掉。

立支柱

架設支柱 »P152

當莖幹長長，植株無法平衡時，就需要架設支柱，用繩子把莖和支柱固定在一起。

POINT

植株搖搖晃晃時就立支柱

雖然不會長藤蔓，但因植株會長很大，為了預防倒塌及折損，必須立支柱幫助固定。之後若再繼續長大，到時候再加用繩結固定。

讓植株底部保持清爽

變黃的葉片和枯萎的雄花都是生病的來源，若發現有這種現象要立即摘除。

採收

從果實根部剪下

待櫛瓜長到 20～25cm 後，用剪刀採收。

人工授粉

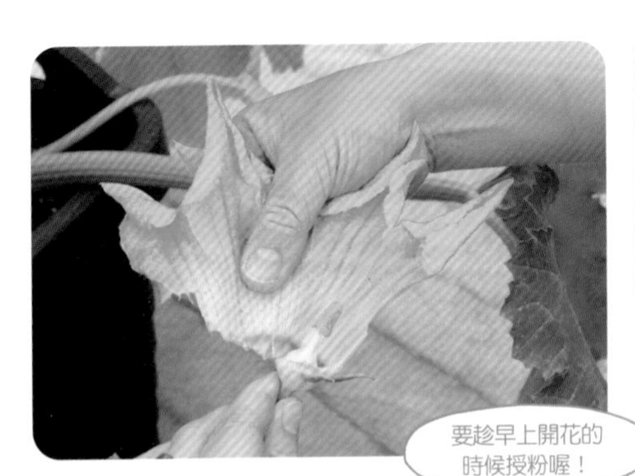

準備好雄花 »P155

剪下雄花後，剝除花瓣，讓雄蕊整根露出來。

甜豆

選苗

定植

立支柱 »P152

架設圓形支柱。

把幼苗種進盆栽內 »P147

在土壤中挖出比黑軟盆還要大一點的洞，把幼苗從黑軟盆取出放進盆栽內，覆土後輕壓，再澆滿水。

POINT

不要太早定植

幼苗若在冬季來臨前就先長大，會無法負荷寒冬，最好讓幼苗（植高 10～20cm）度冬。若植株生長到超過高度，可放置在吹不到寒風的地方。

DATA

科目：豆科	易發生的病蟲害：白粉病、細菌性斑點病、蚜蟲、斑潛蠅
難易度：★	
栽種場所：日照充足處	盆器尺寸：大型～
生育適溫：15～20℃	這裡使用的盆器 ・直徑 35cm ・高 34cm
株間：25～30cm	
連作障礙：有	

栽種時程 — 定植 — 採收

1	2	3	4	5	6	7	8	9	10	11	12
			—							—	—

(!) 甜豆有一遇上冬季低溫就無法發出花芽的特性，一般而言都是在秋季定植後度冬，春天再行採收。

追肥

施肥 »P151

度冬後在氣溫變暖前的二～三月左右，將肥料施於植株周圍。

採收

從蒂頭剪下

果實長得圓潤飽滿時，用剪刀剪下豆莢。

注意病蟲害 »P158

豌豆類很容易染上白粉病（圖右），要注意空氣流通，發現葉片有異狀就盡早摘除。另外，也會受到斑潛蠅（圖左）的侵害，只要發現問題，立即用手指將藏在白線末端的蟲捏掉。

疏苗

疏苗至留下二株 »P148

待植株長至 15～20cm，留下二株健壯、根部粗壯的幼苗，其餘的從底部剪除。

超過三株幼苗才須疏苗

只有在盆栽內有生長複數株幼苗時才須疏苗。若只有二株幼苗則無須疏苗。

現在起到春季為止，
要好好澆水做好管理～

誘引

將藤蔓綁在支柱上 »P154

當植株長至 20cm 左右，藤蔓開始下垂時，便誘引到支柱上用繩子綁起。之後只要發現藤蔓長長，便可隨時誘引。

將藤蔓前端拉近支柱

生長中的藤蔓，細細長長像翹鬍子一樣，會自然找東西攀上去，最好將藤蔓誘引至支柱，好讓藤蔓容易攀附。

讓藤蔓前端
靠在支柱上

蠶豆

選苗

定植

把幼苗種進盆栽內 »P147

在土壤中挖出比黑軟盆還要大一點的洞，把幼苗從黑軟盆取出放進盆栽內，覆土後輕壓，再澆滿水。

不用把豆子埋起來！

立支柱 »P152

架設圓形支柱。

POINT

不要太早定植

幼苗若在冬季來臨前就先長大，會無法負荷寒冬，最好讓幼苗（植高 10～20cm）度冬。若植株生長超過高度，可放置在吹不到寒風的地方。

DATA

科目：豆科	易發生的病蟲害：白粉病、蚜蟲
難易度：★	盆器尺寸：大型～
栽種場所：日照充足處	
生育適溫：15～20℃	
株間：45～50cm	
連作障礙：有	

栽種時程　━ 定植　━ 採收

1	2	3	4	5	6	7	8	9	10	11	12
			━	━						━	━

(!) 蠶豆有一遇上冬季低溫就無法發出花芽的特性，一般而言都是在秋季定植後度冬，春天再行採收。

摘心

剪除前端 »P150

待植株長至 70cm 以上，把超過 70cm 的前端葉片全剪除。

> **POINT**
> **摘心讓養分傳遞更有效率**
> 植株最上面開的花，會因不耐熱導致難結果，所以要透過摘心抑止生長，讓養分傳遞至底下的豆莢。

採收

採收下垂的蠶豆

當原本朝上生長的豆莢，開始朝橫向或往下生長時，就用剪刀剪下。

追肥

施肥 »P151

度冬後在氣溫變暖前的二～三月左右，將肥料施於植株周圍。

整枝

整理植株底部

開始開花後，把在地際處的細小枝節剪掉，只留下 5～6 根枝節。

> **POINT**
> **讓養分集中在 5～6 根枝節上**
> 放任所有枝節自然生長，養分容易分散，會無法種出大豆莢，因此只留下健壯的枝節，其餘的都要剪掉。這也是為了讓植株底部保持空氣流通。

辣椒

選苗

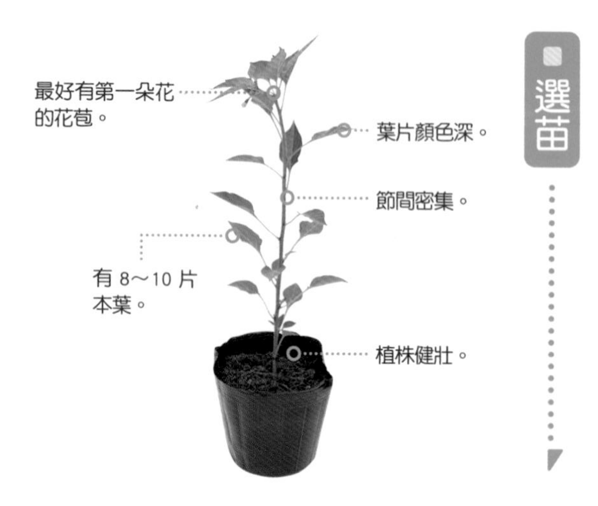

定植

把幼苗種進盆栽內 »P147

在土壤中挖出比黑軟盆還要大一點的洞，把幼苗從黑軟盆取出放進盆栽內，覆土後輕壓。

立支柱 »P152

架設支柱，用繩子把莖和支柱固定在一起。再澆滿水。

順應植高，追加支柱和繩結

之後若植株繼續長大，可適度用繩子將莖固定在支柱上。另外，若一根支柱無法支撐，可自行追加支柱。

DATA

科目：茄科	易發生的病蟲害：蚜蟲、椿象
難易度：★	盆器尺寸：中型～
栽種場所：日照充足處	
生育適溫：20～30℃	
株間：45～50cm	
連作障礙：有	

栽種時程　━ 定植　━ 採收

1	2	3	4	5	6	7	8	9	10	11	12

也可以種青辣椒

青辣椒比較少見，正因如此自己種才會更有成就感。跟紅辣椒不同，可享受新鮮的嗆辣感。等果實長到適當的長度後，便可用剪刀從蒂頭剪下來好好品嘗。

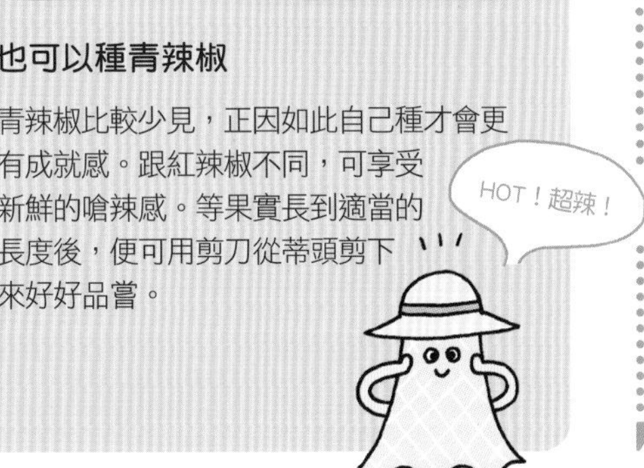

採收

整枝剪除

等果實全轉紅後，用剪刀將整枝剪下來。或是把已轉紅的辣椒一根根從蒂頭剪下。

POINT

攤開在篩網上曬乾

採收下來的辣椒要一根根攤開在篩網上曬乾。假若乾燥不完全，在儲存的過程中容易發霉，必須要曬到滾動時會發出咔啦咔啦的聲響，才算充分乾燥。

摘芽

摘除第一朵花以下的側芽 »P149

當第一朵花開時，將第一朵花以下的側芽全部摘除。之後若又長出側芽，只要發現就摘掉。

摘芽前

摘芽後

清爽多了！

POINT

整理分枝後底下的側芽

因為開了第一朵花，會分枝成二段。只要牢記「摘除 V 字底下的側芽」就行了。透過摘芽，可保持植株的空氣流通、日照充足，果實才會結得漂亮。

追肥

施肥 »P151

定植後過一個月左右，將肥料施於植株周圍。之後以一個月一次為基準追肥。

小番茄

選苗

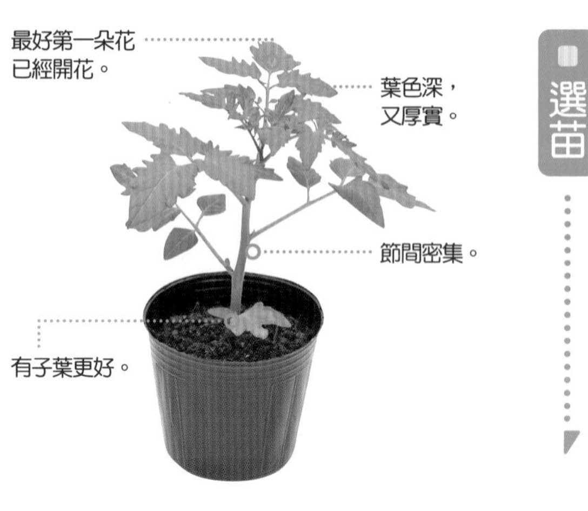

定植

把幼苗種進盆栽內 »P147

先把支柱固定座插進盆栽的邊緣。在土壤中挖出比黑軟盆還要大一點的洞，把幼苗從黑軟盆取出放進盆栽內，覆土後輕壓。

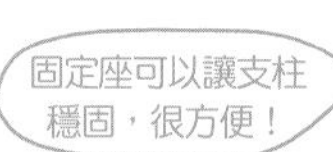

若沒有固定座，
可使用深一點的盆器，
把支柱插到底
會比較穩定！

立支柱 »P152

架設 150～180cm 高的支柱，用繩子把莖和支柱固定在一起。再澆滿水。

DATA

科目：茄科	易發生的病蟲害：白粉病、嵌紋病、蚜蟲、斑潛蠅
難易度：★★	
栽種場所：日照充足處	盆器尺寸：大型～
生育適溫：20～30℃	這裡使用的盆器 · 寬 34cm · 長 34cm · 高 36cm
株間：40～50cm	
連作障礙：有	

栽種時程　— 定植　— 採收

1	2	3	4	5	6	7	8	9	10	11	12

誘引

將枝節綁在支柱上 »P154

隨著植株生長，枝節也跟著長長時，便誘引到支柱上用繩子綁起。之後只要發現枝節長長，便可隨時誘引。

追肥

施肥 »P151

定植後過一個月左右，將肥料施於植株周圍。之後以一個月一次為基準追肥。

拔除從植株底部長出來的新芽

若使用砧木苗（→P146）來定植，偶爾會從底下的砧木長出新芽。從砧木長出來的芽非常旺盛，一發現便要立即拔除。

摘芽

摘除側芽 »P149

隨著植株生長，側芽也會越長越多，發現時就立即摘除。之後若又長出側芽，只要發現就立即摘掉。

POINT

趁側芽還小時用手摘除

摘側芽基本上都不用剪刀，而是直接用手摘除。因為剪刀上若沾有病毒，會透過切口感染給植株。若要用剪刀剪側芽，必須消毒後再使用。

要分辨側芽，就檢查葉腋處

在側芽剛長出來時，很難分辨是主枝伸長的部分還是側芽。從葉腋處（莖與葉柄的連接處）長出來的就是側芽，倘若還看不出來，可等一陣子，讓側芽再長大一點會比較容易辨識。

採收

摘下已轉紅的果實

依序將已轉紅的小番茄採收下來。

POINT

用手指輕鬆折斷蒂頭

仔細看果實的蒂頭，有個彎曲的地方（圖中圓圈處）。將姆指抵住這裡，往彎曲的反方向凹折，便能自然折斷。

COLUMN

各種品種的小番茄

小番茄的品種多到數不完。試著種幾種來比較味道，也頗有一番趣味。

摘心

剪除前端 »P150

當第五段的花（以三節葉片＋一個花穗為一段計算）開花，而植株又超過支柱的長度時，必須把第五段上方的葉片剪掉。

POINT

將「最後段花穗＋二節葉片」摘心

若植株長得比支柱還高，會很難作業，植株也容易疲乏，因此必須把前端剪掉、抑止生長。雖然植株還有可能繼續長到第七段，但為了讓果實更豐碩，建議只種到第五段即可。

選苗

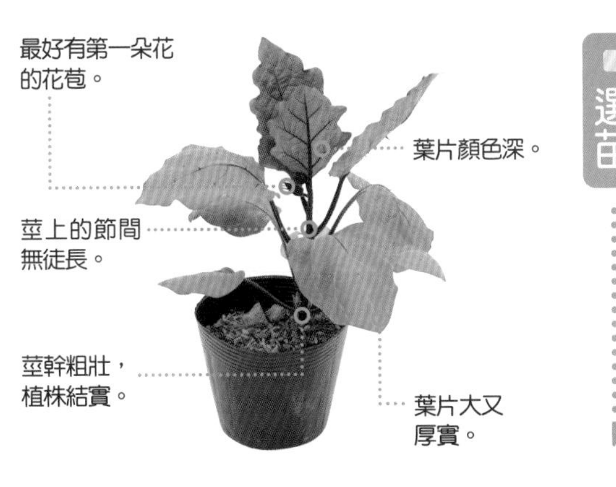

定植

把幼苗種進盆栽內 »P147

在土壤中挖出比黑軟盆還要大一點的洞，把幼苗從黑軟盆取出放進盆栽內，覆土後輕壓。

立支柱 »P152

架設支柱，用繩子把莖和支柱固定在一起。再澆滿水。

茄子

DATA

科目：茄科

難易度：★★

栽種場所：日照充足處

生育適溫：20～30℃

株間：50～60cm

連作障礙：有

易發生的病蟲害：白粉病、蚜蟲、粉蝨、細蟎、蟎蟲、斑潛蠅

盆器尺寸：大型～

這裡使用的盆器

・直徑 35cm
・高 31cm

栽種時程　— 定植　— 採收

1	2	3	4	5	6	7	8	9	10	11	12

讓第一顆果實自然生長

雖然第一顆果實最後也會成為可享用的果實，但為了促進植株生長，一般的採收方法是，趁開花後一開始結的果實還小就要趕緊採收下來。但也有另種說法是，一開始結的果實，凝結了許多精華，味道非常美味。因此，本書採用把第一顆果實留下養大到可以食用。

摘芽

剪除側芽 »P149

當第一朵花開時，只保留第一朵花下面的側芽，再往下的側芽全部用剪刀剪掉、或用手摘除。

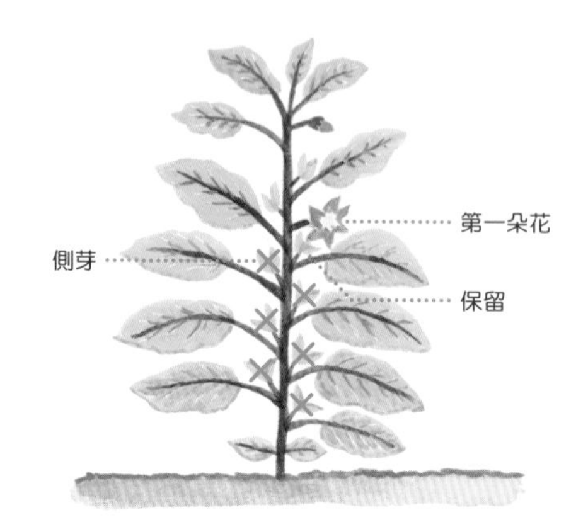

簡單的整枝方法

保留第一朵花下面的二株側芽，和主枝相加共三株一同生長，這樣做稱之為「留三枝」，是最一般的栽種方法，不過之後的修剪方法有點複雜。考量到家庭園藝的便利性，本書簡化做法，只留下一株側芽，之後便任由側芽生長。

立支柱

補架支柱 »P152

當枝節不斷生長、往外延伸時，必須沿著這些枝節架設支柱，用繩子把枝節和支柱固定在一起。

追肥

施肥 »P151

定植後過一個月左右，將肥料施於植株周圍。之後以一個月一次為基準追肥。

採收

從果實蒂頭剪下

待茄子長到 12cm 左右，就用剪刀採收。

更新修剪

剪枝以度秋

到了七月下旬～八月上旬，將枝節的長度修剪成原本的 1/3～1/2。

剪根

在盆栽邊緣往內側 2～3cm 的位置，用園藝鏟用力往下插入，切斷根部。

施肥 »P151

將肥料施於植株周圍，有助於更新修剪後的植株生長。

POINT

時候到了就要果斷修剪

如果因為看植株上還有結果，便遲遲不修剪枝節繼續放任生長，枝節前端會越長越細，果實也會結得不漂亮，必須狠下心來修剪，才能促進新枝和新根生長，疲於對抗酷暑的植株也能回春。

秋季採收

從果實蒂頭剪下

待茄子長到 10cm 左右，就能用剪刀剪下來。之後當果實變得弱小又很硬，且品質很差時，即可結束採收。

苦瓜

選苗

定植

把幼苗種進盆栽內&立支柱 »P147、152

在土壤中挖出比黑軟盆還要大一點的洞，把幼苗從黑軟盆取出放進盆栽內，覆土後輕壓。架設 180cm 高的圓形支柱，再澆滿水。

摘芽

整理植株底部 »P149

待植株長大長出側芽後，由下往上數第 5～6 片葉片間所長出的側芽，全用剪刀剪掉，或用手摘掉。之後若又長出側芽，只要發現就立即剪除。

DATA

科目：葫蘆科	易發生的病蟲害：幾乎沒有
難易度：★	盆器尺寸：大型～
栽種場所：日照充足處	
生育適溫：20～30℃	
株間：40～50cm	
連作障礙：有	

栽種時程　━ 定植　━ 採收

1	2	3	4	5	6	7	8	9	10	11	12

邊觀察植株的狀況邊調整

孱弱的葉片是生病的來源，所以只要發現變黃的葉片，便立即摘除。另外，雖然可讓藤蔓自然捲曲，但放任不管會不小心打結，變得雜亂無章，要適時地誘引或是用繩結綁在支柱上進行整枝，保持植株的空氣流通。

採收

從果實蒂頭剪下

當苦瓜表面呈現光澤，有明顯的凹凸顆粒浮出，便可用剪刀採收。

熟透的苦瓜會變成橘黃色

過了採收期，果實會變成橘黃色，這種狀態的苦瓜無法食用，要注意別錯過時機了。

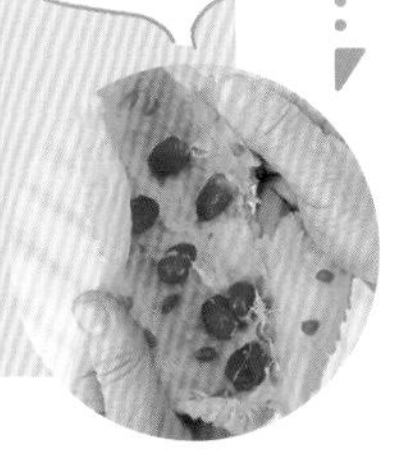

誘引

將藤蔓纏繞在支柱上 »P154

藤蔓長長且過度密集時，便誘引到支柱上。之後藤蔓若再長長，可適度誘引。

追肥

施肥 »P151

定植後過一個月左右，將肥料施於植株周圍。

POINT

注意肥料被吸光

苦瓜的吸肥力很強，肥料養分很快會被吸光。當植株整體的葉色變淡或變黃時，便是肥料不足的信號。只要一開始結果，就要以每半個月一次為基準追肥。

摘心

長太高不便作業，
先抑止生長吧！

剪除前端 »P150

當藤蔓長超過支柱的高度，便把前端剪除。

甜椒

■選苗

■定植

把幼苗種進盆栽內 »P147

在土壤中挖出比黑軟盆還要大一點的洞，把幼苗從黑軟盆取出放進盆栽內，覆土後輕壓。

立支柱 »P152

架設支柱，用繩子把莖和支柱固定在一起。再澆滿水。

順應生長，追加支柱和繩結

之後若植株繼續長大，可適度用繩子將莖固定在支柱上。另外，若一根支柱無法支撐，可自行追加支柱。

DATA

科目：茄科	易發生的病蟲害： 蚜蟲、椿象
難易度：★	盆器尺寸：中型～
栽種場所：日照充足處	
生育適溫：20～30℃	
株間：45～50cm	
連作障礙：有	

・直徑 35cm
・高 34cm

栽種時程　━ 定植　━ 採收

1	2	3	4	5	6	7	8	9	10	11	12

追肥

施肥 »P151

定植後過一個月左右，將肥料施於植株周圍。之後以一個月一次為基準追肥。

採收

剪下轉紅的果實

待甜椒完全轉紅後，就用剪刀從蒂頭剪下。

甜椒的鮮豔色澤
常用於增添料理色彩

料理上點綴一些紅色，會讓食物變得更美味，令人食指大動。但紅色的食材意外地偏少，所以，有自己種甜椒的話，就十分方便囉。

摘芽

摘除第一朵花以下的側芽 »P149

當第一朵花開時，將第一朵花以下的側芽全部摘除。之後若又長出側芽，只要發現就摘掉。

POINT

摘除 V 字底下的側芽

因為開了第一朵花，會分枝成二段。只要牢記「摘除 V 字底下的側芽」就行了。透過摘芽，可保持植株的空氣流通、日照充足，果實才會結得漂亮。

這裡的枝節分叉成 V 字形，要把底下的側芽摘除。

青椒

選苗

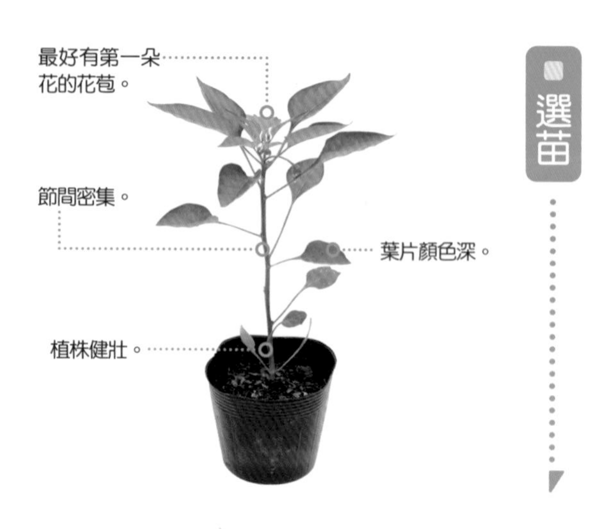

定植

把幼苗種進盆栽內 »P147

在土壤中挖出比黑軟盆還要大一點的洞，把幼苗從黑軟盆取出放進盆栽內，覆土後輕壓。

立支柱 »P152

架設支柱，用繩子把莖和支柱固定在一起。再澆滿水。

澆水澆到盆底流出水為止

DATA

科目：茄科	易發生的病蟲害：蚜蟲、椿象
難易度：★	盆器尺寸：中型～
栽種場所：日照充足處	
生育適溫：20～30℃	
株間：45～50cm	
連作障礙：有	

・直徑 35cm
・高 34cm

栽種時程　━ 定植　━ 採收

1	2	3	4	5	6	7	8	9	10	11	12

讓第一顆果實自然生長

雖然有一種做法是，要趁開花後一開始結的果實還小就趕緊採收，但另外也有第一顆果實凝結了精華，味道非常美味，養大再採收的說法（→P75）。這可說是家庭菜園才會有的體驗，請嘗試看看。

摘芽

第一朵花以下的側芽皆摘除 »P149

當第一朵花開時，將第一朵花以下的側芽全部摘除。之後若又長出側芽，只要發現就摘掉。

POINT 整理分枝後底下的側芽

因為開了第一朵花，會分枝成二段。只要牢記「摘除 V 字底下的側芽」就行了。透過摘芽，可保持植株的空氣流通、日照充足，果實才會結得漂亮。

誘引

把莖綁在支柱上 »P154

當植株大到快要倒塌時，便可用繩結把分枝成 V 字的地方固定在支柱上。

視情況追加支柱

若一根支柱無法支撐住植株，必要時可自行追加支柱，用繩結固定住即可。

採收

從果實蒂頭剪下

待青椒長到 7~8cm 後，就用剪刀採收。

追肥

施肥 »P151

定植後過一個月左右，將肥料施於植株周圍。之後以一個月一次為基準追肥。

粉豆（無蔓種）

選苗

定植

把幼苗種進盆栽內 »P147

在土壤中挖出比黑軟盆還要大一點的洞，把幼苗從黑軟盆取出放進盆栽內，覆土後輕壓，再澆滿水。

觀察幼苗的情況再疏苗

只有一個盆栽內長有複數株的幼苗時，才需要進行疏苗。從定植後的七～十天左右，等植株穩定後，留下二株健壯、莖粗的幼苗，其餘的從底部剪除。

DATA

科目：豆科

難易度：★

栽種場所：日照充足處

生育適溫：20～25℃

株間：25～30cm

連作障礙：有

易發生的病蟲害：細菌性斑點病、蚜蟲

盆器尺寸：中型～

這裡使用的盆器
・直徑 30cm
・高 30cm

栽種時程　— 定植　— 採收

1	2	3	4	5	6	7	8	9	10	11	12

剪除黃葉

不健康的葉片是問題的來源。生長過程中若發現有變黃的葉片，要立即用剪刀從葉腋處剪除。

追肥

施肥 »P151

定植後過一個月左右，將肥料施於植株周圍。

POINT

只追肥一次就好

豆科的蔬菜因為根瘤菌的緣故，不太需要施肥（→P59）。而且無蔓種的栽種期短，只追肥一次即可。

採收

從蒂頭剪下

待豆莢長到 15cm 左右，用剪刀採收。

立支柱

架設支柱並拉起繩索 »P153

植株長高到似乎快倒塌時，架設支柱，綁上三條上下平行的繩子，做出燈籠骨架形的支柱。

POINT

即使是無蔓種也要立支柱

雖然種無蔓種似乎沒有立支柱的必要，但為了防止植株倒塌，還是架起支柱用繩子圍住，支撐植株會比較妥當。

果實的樣子

落花生

選苗

定植

把幼苗種進盆栽內 »P147

在土壤中挖出比黑軟盆還要大一點的洞，把幼苗從黑軟盆取出放進盆栽內，覆土後輕壓，再澆滿水。

追肥

施肥 »P151

定植後過一個月左右，將肥料施於植株周圍。

DATA

科目：豆科

難易度：★

栽種場所：日照充足處

生育適溫：15～25℃

株間：30cm

連作障礙：有

易發生的病蟲害：
幾乎沒有

盆器尺寸：
中型（四邊形）～

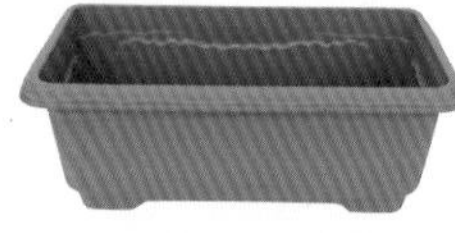

・寬 27cm・長 54cm・高 24cm

栽種時程　━ 定植　━ 採收

1	2	3	4	5	6	7	8	9	10	11	12
				定植	定植				採收	採收	

採收

試挖

當葉片枯黃後，可試挖土壤，確認豆莢的大小。

整株拔起

待豆莢充分長大，握緊植株底部用力往上拉。

花生可水煮或曬乾後炒香

採收後將豆莢一個個從枝幹上剪下。想吃水煮花生時，連同豆莢加入鹽水內煮滾。想吃鹽炒花生，就要先充分曬乾再烹調。水煮花生的鬆軟綿密口感，與鹽炒花生的香脆口感很不一樣，可以享受看看不同的滋味喔。

花朵掉落後會結成果

開花後，在開花的地方會長出細細一條很像根的東西（這叫作子房柄）。
子房柄會鑽入土裡結成豆莢。

誘導子房柄

把子房柄塞回盆栽內

植株長大後會從盆栽內冒出來，記得要把子房柄放回盆栽內，好讓它鑽進土裡結豆莢。

草莓

水果
也來種吧！

DATA

科目：薔薇科	易發生的病蟲害：白粉病、灰黴病、蛞蝓、蟎蟲
難易度：★★	
栽種場所：日照充足處	盆器尺寸：小型～
生育適溫：17～20℃	這裡使用的盆器 ・直徑 33cm ・高 20cm
株間：20～25cm	
連作障礙：有	

栽種時程　— 定植　— 採收

1	2	3	4	5	6	7	8	9	10	11	12

選苗

定植

將幼苗種進盆栽內 »P147

在土壤中挖出比黑軟盆還要大一點的洞，把幼苗從黑軟盆取出，從植株底部長出的短莖（匍匐莖）朝盆栽內側擺放，並注意勿把冠狀莖（葉片根部）埋進土裡。再澆滿水。

POINT

定植時的兩項重點

不把冠狀莖埋起來

冠狀莖上有許多細胞分裂的生長點，別把這部位埋進土裡。

將匍匐莖置於內側

匍匐莖（從母株延伸出來的莖）的另一側會結果實，把這部分朝盆栽內側擺放，便能讓果實結在盆栽外側，利於採收。而且果實不會沾到土壤，較不易感染病菌。

鋪上稻草

定植後，在土壤表面鋪上稻草。直到隔年春季開始前，都一邊澆水一邊觀察狀況。

追肥 1 2

施肥 »P151

到了隔年的一月，將肥料施於植株周圍。之後到了三月，再追肥一次。

人工授粉

進行授粉 »P155

等花開後，用授粉筆或水彩筆輕撫花心。

POINT

讓花朵整體均勻授粉

讓雌蕊均勻授粉，才會長出形狀漂亮的草莓。為此才會使用人工授粉，請記得一定要均勻地讓花朵授粉。

切除匍匐莖

切除匍匐莖

當匍匐莖長長後，用剪刀從植株底部剪斷。而新的匍匐莖，會從在定植時朝內側擺放的舊匍匐莖的另一側長出。

POINT

切除新長出來的匍匐莖

草莓開花時，會不斷長出匍匐莖，必須切除。已經長好的匍匐莖可在採收結束前繼續留存，讓養分全集中在果實上。

採收

剪下轉紅的果實

待草莓完全轉紅後，用剪刀從蒂頭一顆一顆採收。

小西瓜

選苗

定植

把幼苗種進盆栽內 »P147

在土壤中挖出比黑軟盆還要大一點的洞，把幼苗從黑軟盆取出放進盆栽內，覆土後輕壓。

立支柱 »P152

架設圓形支柱，再澆滿水。

澆水澆到盆底流出水為止！

DATA

科目：葫蘆科	易發生的病蟲害：白粉病、蔓枯病、蚜蟲
難易度：★★★	盆器尺寸：大型～
栽種場所：日照充足處	
生育適溫：25～30℃	
株間：80～100cm	
連作障礙：有	

・直徑 31cm
・高 33cm

栽種時程　— 定植　— 採收

1	2	3	4	5	6	7	8	9	10	11	12

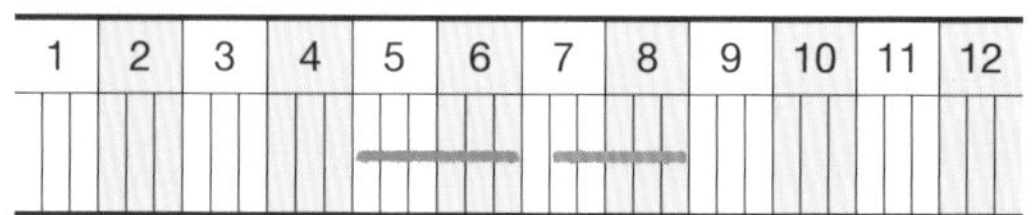

誘引

將藤蔓綁在支柱上 »P154

當子株長長到會下垂時，便誘引到支柱上用繩子綁起。之後只要發現子株的藤蔓，便可隨時誘引。

摘心

對匍匐莖母株摘心 »P150

當藤蔓長長，而本葉有 5 片以上之後，把第 5～6 片本葉以上的母株（主枝）切除。之後等長出子株（側芽）後，留下健壯的 3～4 個側芽，其餘的都剪除。

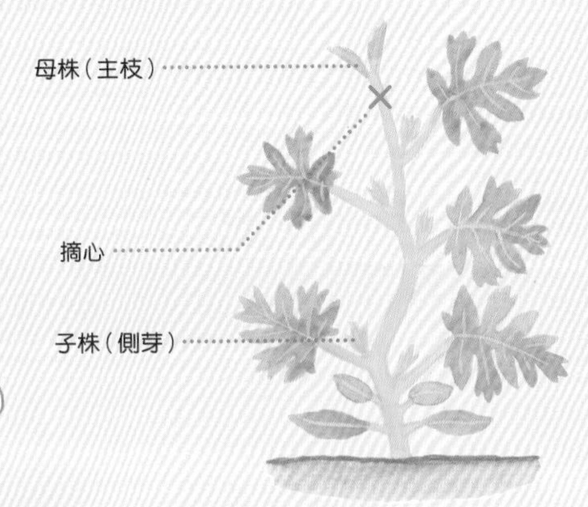

POINT

限制子株的數量

子株才會結果實，為了讓養分傳送給子株，必須儘快切除母株抑止生長。而當子株的數量越多，果實也會長得很小，所以留下 3～4 株最為恰當。剩下的子株若長出孫株也必須切除。

人工授粉

授粉 »P155

切下雄花後，剝下花瓣讓雄蕊整根露出來，再將雄花的花粉沾在雌蕊上。必須讓所有開花的雌花都均勻授粉。

分辨雄花與雌花

仔細看花的根部，有鼓起的是雌花，沒有鼓起的是雄花。

追肥

施肥 »P151

定植後過一個月左右，將肥料施於植株周圍。之後以一個月一次為基準追肥。

懸掛

用網子吊起果實

待果實長到約棒球大小，裝進網子（→P64）內，用繩子將網子固定在支柱上吊起。不用把繩子綁太緊，調節成能讓果實自然懸吊的長度。

採收

從蒂頭剪下

自授粉日過後約 35 天，當靠近果實的藤蔓和葉片枯萎，即是採收時機，用剪刀剪下即可。

POINT

以授粉日和果實狀態判斷採收期

從西瓜的外觀很難判斷是否該採收，以授粉日開始計算是最簡單的方式。若不小心忘記授粉日，就從藤蔓和葉片是否枯萎來判斷採收期。

記錄授粉日

在授粉完畢的雌花掛上吊牌，記錄授粉日期。

摘果

一條藤蔓配一顆果實

當果實長大到約乒乓球大小，讓一條藤蔓只留下一顆果實，其餘的全摘除。若在同一條藤蔓上有開花的雌花，也要一併摘除。

讓所有雌花都授粉

就算有授粉，也不代表所有花都會結果，如下圖般枯萎的花朵也不在少數，因此才要讓所有開花的雌花都進行人工授粉。授粉完成後，仔細檢查有確實結成果實，再進行摘果。

栽種
根莖類

蕪菁

DATA

科目：十字花科	易發生的病蟲害：蚜蟲、斑潛蠅
難易度：★	盆器尺寸：小型～
栽種場所：日照充足處	
生育適溫：15～20℃	
株間：8～10cm	
連作障礙：有	・寬 22cm・長 45cm・高 27cm

栽種時程　　— 播種　— 採收

1	2	3	4	5	6	7	8	9	10	11	12

(!) 雖然也可春種，但春種易有病蟲害，建議初學者秋種會比較好培育。

播種

點播播種 »P144

挖出五個直徑 3cm、深約 1cm 的洞，洞的間隔距離 8～10cm。每個洞不重疊地放入 4～5 粒種子，補土後輕壓。再澆滿水。

蕪菁用點播、條播都 OK

條播法雖然需要較多時間疏苗，但疏苗時拔起的菜可再利用。點播法則可省去不少疏苗時間，植株之間的距離也好掌控。沒有規定一定要用哪一種，可兩相比較後選擇自己喜歡的方式。

疏苗 1

疏苗至留下二株 »P148

待長出 2～3 片本葉後，拔除細小、彎曲的幼苗，每個洞各留下二株幼苗。

追肥

施肥 »P151

播種後過一個月左右，將肥料施於植株周圍。之後以一個月一次為基準追肥。

覆土

將土壤覆蓋至植株底部，輕壓土面。

採收期的樣子

探出頭來了～

採收

整株拔起

待根部的直徑長至 5～6cm，握緊莖葉底部，用力往上拉。

POINT

不錯過採收時機

一旦錯過採收期，蕪菁會開始裂開，造成內部空洞，口感不佳。

品嘗美味小訣竅！

皮削多一點再燉煮

切開蕪菁的剖面可以看到，在皮的內側還有一個內圈，以此為界線，煮熟的時間點有差，所以要燉煮蕪菁前，建議把外皮削得多一點。削掉的外皮不要丟掉，可以和蕪菁葉混在一起撒鹽，做成醃漬菜，還能做成炒金平料理或作為味噌湯料。

疏苗 2

疏苗至留下一株 »P148

待長出 4～6 片本葉後，拔除葉片有折損、孱弱的植株，每個洞各只留下一株植株。

疏苗前

疏苗後

覆土

將土壤覆蓋至植株底部，輕壓土面。

馬鈴薯

選種薯

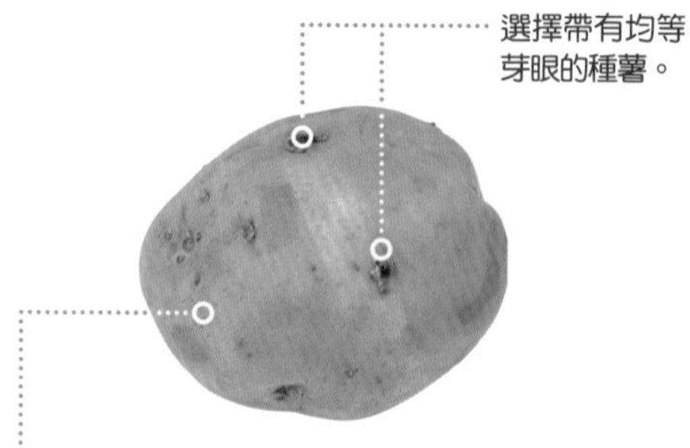

選擇帶有均等芽眼的種薯。

不要直接種食用馬鈴薯。
務必使用園藝店賣的「種薯」。

種薯切塊

將大塊種薯分切成 30～40g，且一塊至少要有 3 個以上的芽眼。小塊的種薯（30g 以下）可直接定植。

曬乾切口

切口朝上，在日照充足處曬半天左右。切口若潮濕容易腐爛，要確實保持乾燥。

利用切口保護套也 OK

為了防止腐爛，可以將種薯切口蓋上「切口專用保護套」，它是以酸性白土等混合製成的粉末狀天然材料，能更快吸收水分、幫助乾燥。

像這個樣子

DATA

科目：茄科	易發生的病蟲害：嵌紋病、二十八星瓢蟲
難易度：★	盆器尺寸：大型（深型）～
栽種場所：日照充足處	
生育適溫：15～25℃	
株間：30cm	
連作障礙：有	

這裡使用的盆器

・直徑 40cm
・高 38cm

栽種時程　━ 定植　━ 採收

1	2	3	4	5	6	7	8	9	10	11	12
	定植	定植			採收	採收					

(!) 雖然也可夏植，但種薯易腐爛，相較之下，春植會比較好培育，而且種薯的種類較多，採收量也多。

定植

定植種薯

在盆栽內倒入 2/3 左右深度的培養土。挖出比種薯還要大一點的洞，把種薯切口朝下放入，覆土後，再澆滿水。

定植時不需要太多培養土

馬鈴薯在生長的過程中，需要進行「培土」的補土作業，為了預留培土的空間，定植時不要放太多土。

摘芽

留下二株

等馬鈴薯發的芽長至 10～15cm，留下健康粗壯的二株，其餘的從底部剪除。

POINT

摘芽才能讓馬鈴薯長胖

若讓所有發出的芽留下來，每一顆馬鈴薯都會長得很小顆，因此只要留下最健壯的芽即可。

培土 1

補土

摘芽後，用培養土把盆栽剩餘的空間補滿一半。

培土可增加採收量

馬鈴薯是指長在地底下的「塊莖」，它會長根。如果長長的莖部露出土壤，沒有被土覆蓋，便不易長根，也不會結成健康的塊莖。所以才需要補土蓋過莖部，讓馬鈴薯有良好的生長環境。

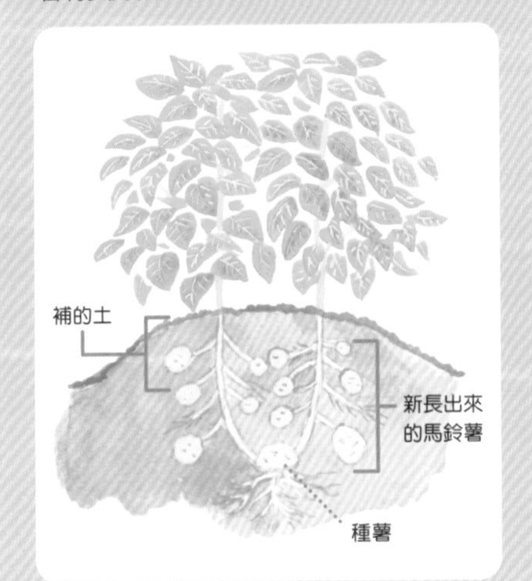

追肥 1

施肥

補土後，撒上馬鈴薯專用肥料，並與土壤混合。

馬鈴薯專用肥料

種馬鈴薯最好使用添加許多馬鈴薯生長不可或缺的鉀（鉀離子）的專用肥料。
若買不到，可在培土後，撒些緩效性肥料。

培土 2

補土

開花時，再補一些培養土至盆栽邊緣下 3～4cm 處。

注意別讓馬鈴薯露出土壤表面

馬鈴薯若照到陽光變成綠色，會產生有毒物質。為了不讓馬鈴薯露出土壤表面，即使在第二次培土後，也要經常觀察，一發現馬鈴薯露出來即隨時補土。

追肥 2

施肥

補土後，撒上馬鈴薯專用肥料，並與土壤混合。

快倒塌時可立支柱

當植株長大到快要倒塌時，若放任不管會導致莖幹折損，這時可以立支柱協助穩固，但要小心別插到馬鈴薯了。

採收

整株拔起

當葉片轉黃枯萎後，即是採收時機。握住植株底部，把整株往上拔，最後再確認土裡是否有遺漏的馬鈴薯尚未採收。

COLUMN

各種品種的馬鈴薯

馬鈴薯有許多品種，栽種方式基本上相同。本書示範種植的是「男爵馬鈴薯」。

黃金男爵

以男爵馬鈴薯混種出來的品種。口感鬆軟帶有甜味。紫紅色的芽是其特徵。

五月皇后

細長的橢圓形，具有軟滑帶黏的口感，耐煮不易變形。

用袋子來種馬鈴薯吧！

只要將買回來的培養土包裝袋回收再利用，就能用來栽種馬鈴薯，簡單又輕鬆。使用肥料空袋或土壤袋栽種也可以喔！

一袋可種出這麼多!!

※需要 20L 以上的土壤量。這裡使用了 25L 的培養土。

準備栽培袋

把培養土袋中 2/5 量的土取出。取出來的土是預留之後培土用。

袋底每隔 5cm 用螺絲起子鑽出一個洞。為了排水順暢，儘量多鑽一點洞。

定植

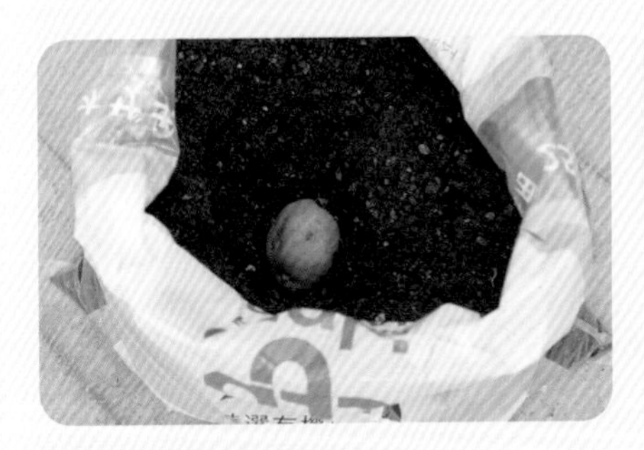

使用與 P108 一樣的方式處理種薯，再同 P109 的方式定植，澆滿水。

摘芽

等馬鈴薯發的芽長至 10～15cm，留下健康粗壯的二株，其餘的芽從底部剪掉。

培土①

從一開始取出的土壤中，取 1/2 的量補土。

追肥①

培土後，撒上馬鈴薯專用肥料（→P110），並與土壤混合。

培土②／追肥②

補上所有剩餘的土，再撒上馬鈴薯專用肥料，與土壤混合。

採收

當葉片轉黃枯萎後，即是採收時機。用剪刀把袋子剪開，從側面鬆土挖出馬鈴薯。

白蘿蔔（小型品種）

播種

點播播種 »P144

挖出五個直徑 3cm、深約 1cm 的洞，洞的間隔距離約 15cm。每個洞不重疊地放入 4～5 粒種子，補土後輕壓。再澆滿水。

POINT

以「直播栽培」為基本

白蘿蔔是不耐移植的蔬菜，若以黑軟盆育苗後再移植到盆栽內，根會過短、也易分歧，所以一定只能在盆栽內播種栽培。

疏苗 1

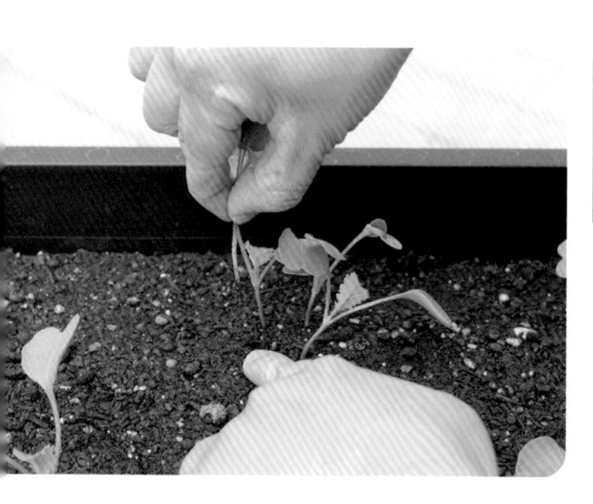

疏苗至留下二株 »P148

待本葉完全展開，拔除細小、彎曲的幼苗，每個洞各留下二株幼苗。

DATA

科目：十字花科	易發生的病蟲害：青蟲、蚜蟲、菜心螟、斑潛蠅
難易度：★	
栽種場所：日照充足處	盆器尺寸：中型（深型）～
生育適溫：15～25℃	
株間：15cm	
連作障礙：有	・寬 22cm・長 45cm・高 27cm

栽種時程　━ 播種　━ 採收

1	2	3	4	5	6	7	8	9	10	11	12

追肥

施肥 »P151

播種後過一個月左右，將肥料施於植株周圍。之後以一個月一次為基準追肥。

採收

整株拔起

待根部的直徑長至 6～7cm 左右，握住莖葉底部往上拔起。

POINT

長到適當大小就趕緊採收

一旦錯過採收期，白蘿蔔會開始裂開造成內部空洞，口感變得不佳。請依白蘿蔔的大小依序採收，注意別錯過最適時機。

品嘗美味小訣竅！

白蘿蔔上下分開料理

白蘿蔔有上半部甘甜、軟嫩、粗壯，下半部嗆辣、偏硬、細長的特徵，因此建議分開來，使用在不同的料理中。滷白蘿蔔時適合用上半部，口感、味道都會很好；而下半部切成小塊狀來炒或煮較為合適。

覆土

將土壤覆蓋至植株底部，輕壓土面。

疏苗 2

疏苗至留下一株 »P148

當本葉長出 4～5 片，拔除葉片有折損及孱弱的幼苗，每個洞各留下一株植株。

覆土

將土壤覆蓋至植株底部，輕壓土面。

紅蘿蔔（迷你種）

播種

條播播種 »P144

挖出兩條深約 1cm 的淺溝，列的間隔距離 5～10cm。種子不重疊地散播入土壤中，補土後輕壓，再澆滿水。

POINT

鋪上薄薄一層土

這是屬於發芽需要陽光的好光性種子，要注意土壤不要鋪得過厚。而且，紅蘿蔔跟白蘿蔔同屬不耐移植的蔬菜，務必用直播栽培（→P112）。

疏苗 1

拔除過於密集的植株 »P148

待本葉長出 1～2 片，與旁邊的葉片緊密相連時，就要進行疏苗，讓植株之間維持 1～2cm 的距離。

DATA

科目：繖形科	易發生的病蟲害：黃鳳蝶幼蟲
難易度：★	盆器尺寸：小型～
栽種場所：日照充足處	
生育適溫：15～25℃	
列間：5～10cm	
連作障礙：有	・寬 25cm・長 49cm・高 23cm

栽種時程 — 播種 — 採收

1	2	3	4	5	6	7	8	9	10	11	12
						播種	播種	採收	採收		

(!) 雖然也可春播，但春播易抽苔，夏播會比較好培育。

疏苗 3

株間維持 4～5cm »P148

當植株長至 10cm 左右，再次疏苗使植株之間維持 4～5cm 的距離。疏苗後覆土。

採收

整株拔起

待根部的直徑長至 2cm 左右，握住莖葉底部往上拔起。

不用削皮也沒關係

一般料理紅蘿蔔都會把外皮削掉，但其實靠近外皮的部位也很好吃喔！清洗時只要用鬃刷把外皮稍微磨掉一點點即可，不需要再削皮。由於外皮含有豐富的 β-胡蘿蔔素，建議連皮一起吃會比較營養。

覆土

將土壤覆蓋至植株底部，輕壓土面。

追肥

施肥 »P151

播種後過一個月左右，將肥料施於兩側。之後以一個月一次為基準追肥。

疏苗 2

株間維持 3cm »P148

當本葉長出 4～5 片，必須再次疏苗，使植株之間維持 3cm 的距離。疏苗後將土壤覆蓋至植株底部，輕壓土面。

櫻桃蘿蔔

DATA

科目：十字花科	易發生的病蟲害：青蟲、蚜蟲、斑潛蠅
難易度：★	盆器尺寸：小型～
栽種場所：日照充足處	
生育適溫：15～20℃	
株間：7～8cm	
連作障礙：有	・寬 18cm・長 40cm・高 23cm

栽種時程 ━ 播種 ━ 採收

1	2	3	4	5	6	7	8	9	10	11	12
	春						秋				
		春						秋			

播種

點播播種 »P144

挖出五個直徑 3cm、深約 1cm 的洞，洞的間隔距離 7～8cm。每個洞不重疊地放入 3～4 粒種子，補土後輕壓。再澆滿水。

疏苗1

疏苗至留下二株

»P148

待子葉完全展開，拔除細小、彎曲的幼苗，每個洞各留下二株幼苗。再將土壤覆蓋至植株底部，輕壓土面。

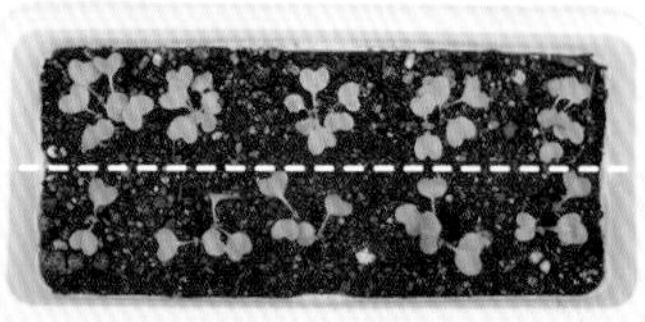

疏苗2

疏苗至留下一株

»P148

當本葉長出 2～3 片，拔除葉片有折損及孱弱的幼苗，每個洞各留下一株植株。

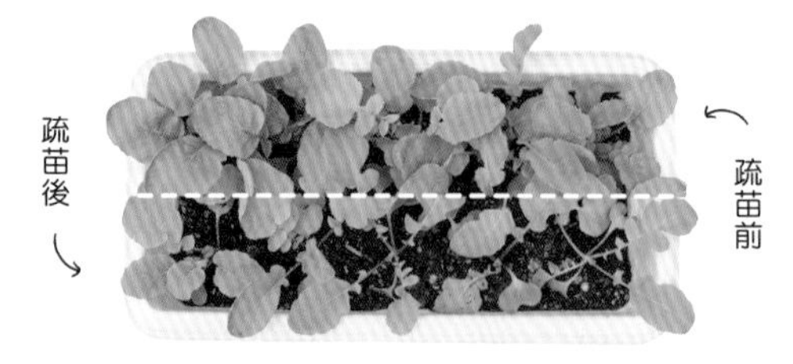

追肥

施肥 »P151

播種後過一個月左右，將肥料施於植株周圍，並稍微撥鬆土壤表面使兩者混合。（若此時已長大到可採收的大小就不須追肥。）

採收

整株拔起

待根部的直徑長至 3cm 左右，握住莖葉底部往上拔起。

栽種
香草類

義大利香芹

DATA

科目：繖形科	**易發生的病蟲害**：蚜蟲、黃鳳蝶幼蟲
難易度：★	**盆器尺寸**：小型～
栽種場所：日照充足處	
生育適溫：15～20℃	
株間：20～25cm	
連作障礙：有	

栽種時程

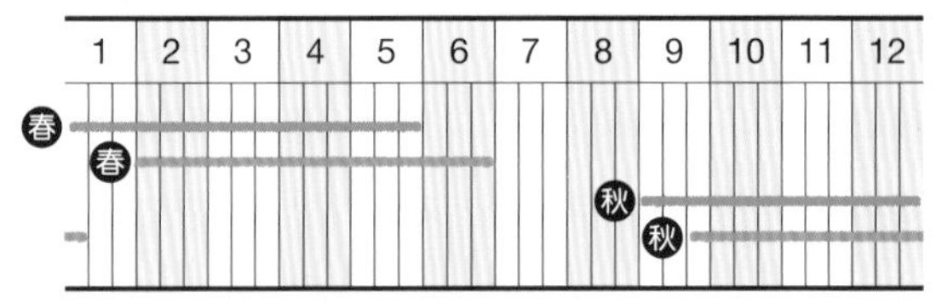

選苗

定植

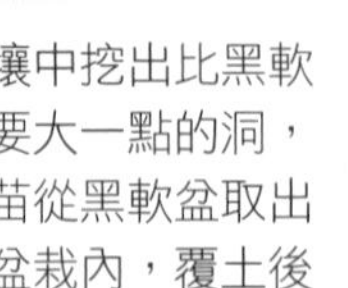

把幼苗種進盆栽內 »P147

在土壤中挖出比黑軟盆還要大一點的洞，把幼苗從黑軟盆取出放進盆栽內，覆土後輕壓，再澆滿水。

採收

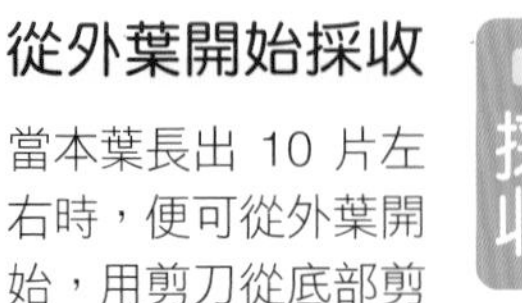

從外葉開始採收

當本葉長出 10 片左右時，便可從外葉開始，用剪刀從底部剪下採收。

POINT

保留葉片，待下次採收

當植株長大到可採收時，若每次都只採收需要的分量，便能享受長期採收的樂趣。採收時，為了讓植株重生，可將原本植株上一半的葉片保留。

追肥

施肥

»P151

定植後過一個月左右，將肥料施於植株周圍。之後以一個月一次為基準追肥。

採收

再次採收

待植株再次長大，從外葉開始依序採收。之後也以同樣的方式重複採收。

芫荽（香菜）

定植

把幼苗種進盆栽內 »P147

在土壤中挖出比黑軟盆還要大一點的洞，把幼苗從黑軟盆取出放進盆栽內，覆土後輕壓，再澆滿水。

採收

從外葉開始採收

當植株長至 20cm 左右，便可從外葉開始，用剪刀從底部剪下採收。若再長大，也以同樣的方式重複採收。

追肥

施肥

»P151

定植後過一個月左右，將肥料施於植株周圍。之後以一個月一次為基準追肥。

DATA

科目：繖形科	易發生的病蟲害：幾乎沒有
難易度：★	盆器尺寸：小型～
栽種場所：日照充足處	
生育適溫：15～25℃	
株間：20～25cm	
連作障礙：有	

・直徑 23cm
・高 23cm

栽種時程　━ 定植　━ 採收

	1	2	3	4	5	6	7	8	9	10	11	12
定植	春 ━	━	━						秋 ━	━	━	
採收			春 ━	━						秋 ━	━	━

選苗

夏季會開出白色及淡粉色的可愛小花。花也可以食用。

百里香

■ 選苗

■ 定植

把幼苗種進盆栽內 »P147

在土壤中挖出比黑軟盆還要大一點的洞，把幼苗從黑軟盆取出放進盆栽內，覆土後輕壓，再澆滿水。

■ 摘心＋採收

修剪過長的莖葉

當植株長至 20cm 左右，便可以摘心兼採收，將莖葉剪到剩 5～10cm。

DATA

科目：唇形科	易發生的病蟲害：青蟲、蟎蟲
難易度：★	盆器尺寸：小型
栽種場所：日照充足處	
生育適溫：15～20℃	
株間：25～30cm	
連作障礙：有	

・直徑 18cm
・高 18cm

栽種時程　━ 定植　━ 採收

1	2	3	4	5	6	7	8	9	10	11	12
	春						秋				

(!) 植株只要長高到 10cm 左右便可隨時採收。

秋冬少量採收，等待春季來臨

雖然秋冬季可隨時採收，但因此時生長遲緩，切記勿剪過短，最少也要讓植株留有5cm 的高度。在嚴冬期間，待土壤表面完全乾燥後，再大量澆水直到盆底漏出水為止。一旦進入春季的生長旺盛期，又可再次採收。

百里香是多年生的常綠灌木，隔年之後能繼續栽種。

想在隔年還能採收，就進行下個步驟吧！

換盆

把植株移出盆栽

可在三～五月，或十～十一月上旬進行換盆。鋪上墊子，把植株從盆栽內取出。

POINT

春秋季進行換盆

換盆的最佳季節是在春季（三～五月）和秋季（十～十一月上旬），先確認一下盆栽底部，若沒有根露出來便可進行換盆。

鬆土

依照底部→側面→上面的順序，用細長的棒子弄鬆土壤表面。

追肥

施肥 »P151

到了三～五月左右，將肥料施於植株周圍。之後等到十～十一月上旬再追肥。

修剪

將所有的莖葉剪短

梅雨來臨前，將整體的 2/3 全剪掉。

POINT

修剪過度密集的莖葉，預防悶熱

百里香不耐高溫潮濕，為了預防梅雨季時悶熱的濕氣，必須先將百里香剪短，保持空氣流通。

重種

在同一個盆栽內倒入培養土，以一開始定植一株時同樣的方式栽種，再澆滿水。

POINT

更換植物用土

換盆時所用的土，最好換成排水性佳的香草用培養土。或是在蔬菜用培養土內混進 2～3 成的小粒赤玉土。

自製百里香花圈

只要將修剪下來的百里香插進市售的花圈基底即可，製作非常簡單。百里香若由下往上插，會因乾燥而不斷掉落，由上往下插較為妥當。重疊插入製造出飽滿的感覺會很可愛。一邊當作裝飾品掛著一邊乾燥，之後還可當作乾燥香草來使用。

春天到初夏時，會開出粉紅色、紫色和白色的可愛小花。

COLUMN

各種品種的百里香

法國百里香
以香氣十足的普通百里香混種而成。

檸檬百里香
帶有近似檸檬的清爽香氣。

銀葉百里香
葉緣有白色的花紋。

分株

在植株自然分開的地方用剪刀剪斷，分成 2～3 株。

剪枝

留下約 6cm 的植株（地上部），其餘全部剪掉。有枯枝的話也要剪掉。

POINT

把伸長的根留下

剪枝時若發現有長根，把根留下，上半部全剪掉。

細葉香芹

DATA

科目：繖形科	易發生的病蟲害：白粉病、蚜蟲、黃鳳蝶幼蟲、斑潛蠅
難易度：★	盆器尺寸：中型
栽種場所：日照充足處	
生育適溫：15～20℃	
株間：30～40cm	
連作障礙：有	

這裡使用的盆器

・直徑 26cm

・高 18cm

栽種時程　━ 定植　━ 採收

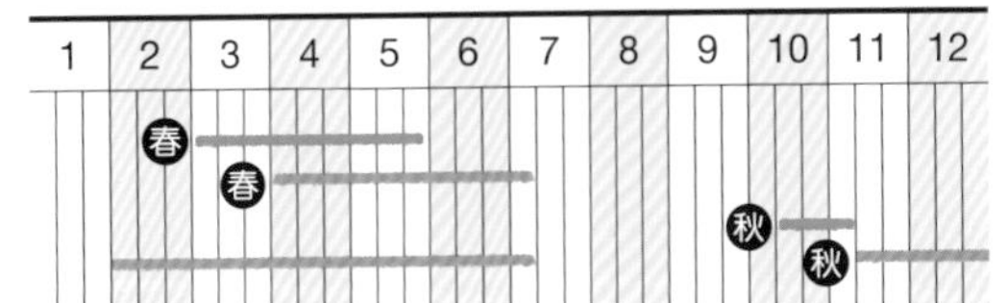

選苗

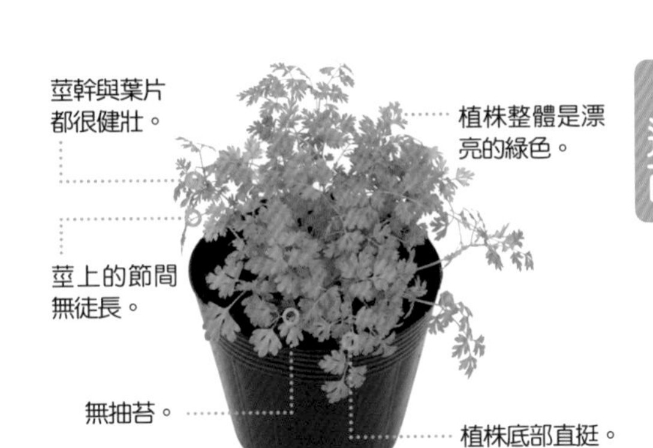

定植

把幼苗種進盆栽內 »P147

在土壤中挖出比黑軟盆還要大一點的洞，把幼苗從黑軟盆取出放進盆栽內，覆土後輕壓，再澆滿水。

採收

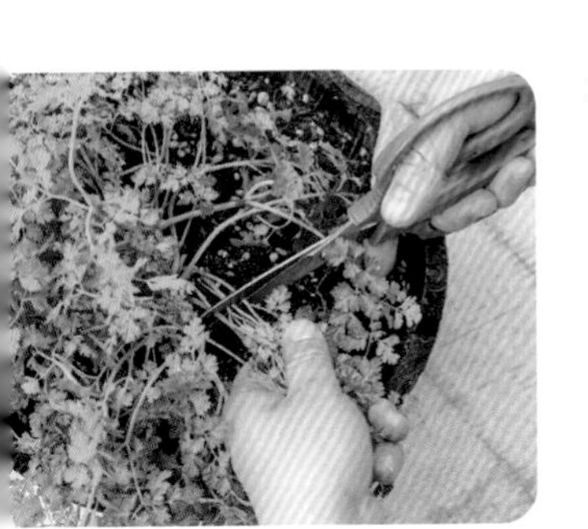

從外葉開始採收

當葉片長至 15cm 左右，便可從外葉開始，用剪刀從底部剪下採收。

POINT

留下中間的新芽

新芽會從中間開始生長，所以應該從外葉採收，留下中間的部分。另外，為了能享受長期採收的樂趣，要盡早將花芽摘除。若一開花長出種子，葉片就會枯萎。

追肥

施肥 »P151

春植約在三～五月左右，秋植則在十～十一月上旬，將肥料施於植株周圍。

蒔蘿

選苗

定植

把幼苗種進盆栽內 »P147

在土壤中挖出比黑軟盆還要大一點的洞，把幼苗從黑軟盆取出放進盆栽內，覆土後輕壓，再澆滿水。

採收

從外葉開始採收

當植株長至 30cm、本葉長出 6 片左右，便可採收。從外葉開始，用剪刀從底部剪下。

POINT

留下中間的新芽

生長點位於植株的中間，會從那邊冒出新芽，所以儘量不碰中間的部分。

DATA

科目：繖形科	易發生的病蟲害：白粉病、蚜蟲、黃鳳蝶幼蟲
難易度：★	盆器尺寸：中型～
栽種場所：日照充足處	
生育適溫：15～20℃	
株間：20～30cm	
連作障礙：有	

・直徑 21cm
・高 21cm

栽種時程　━ 定植　━ 採收

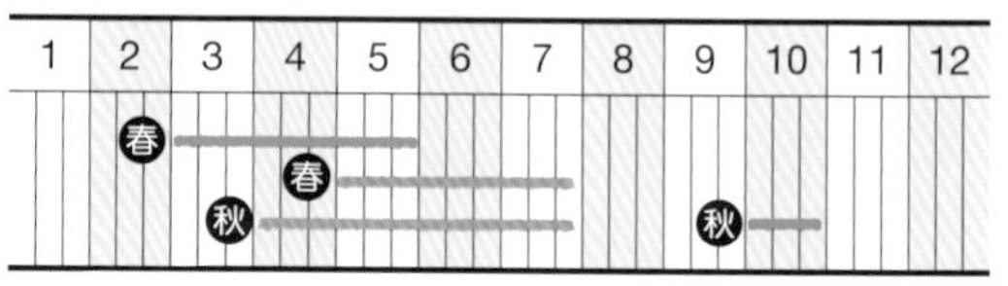

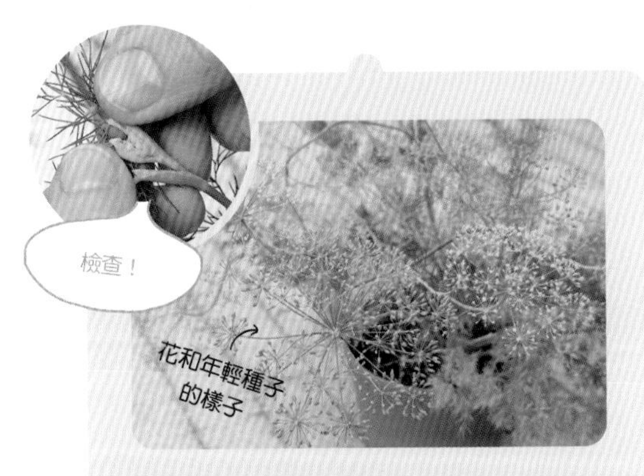

花與種子也能食用

若已經剪枝過，但長出來的新芽全都是花芽時，就是該結束葉片採收的時候。蒔蘿的花和種子都可食用，此時不需要整株拔起，可以繼續栽種，花最終會變成年輕的種子，到時候再採收即可。

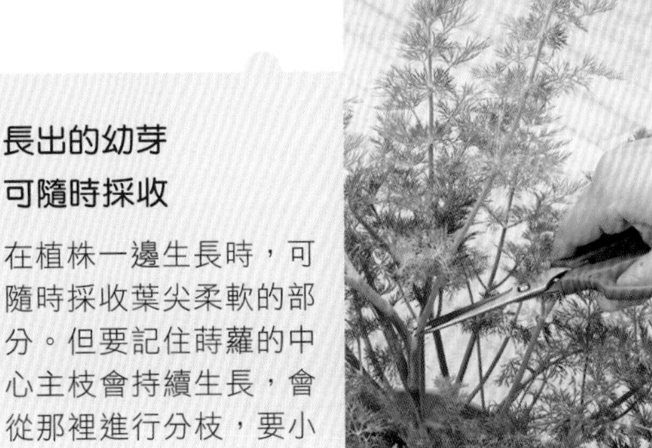

長出的幼芽可隨時採收

在植株一邊生長時，可隨時採收葉尖柔軟的部分。但要記住蒔蘿的中心主枝會持續生長，會從那裡進行分枝，要小心別剪到了主枝前端。

追肥

施肥 »P151

春植約在三～五月左右，秋植則在十～十一月上旬，將肥料施於植株周圍。

採收種子

採摘種子

等花枯、種子變黑變乾燥，便可切斷莖節。用手指把種子剝下。

裝進紙袋，等待乾燥

尚未完全乾燥的蒔蘿種子，可輕輕地裝進紙袋內靜置，讓它自然乾燥。蒔蘿完全乾燥後，直接搖晃紙袋，便可輕易摘下種子。

剪枝

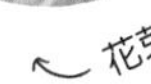

花芽

切除長有花芽的莖

把長有花芽的莖，從植株底部 2～3cm 處切除。

POINT

透過剪枝可延續採收

蒔蘿一開花，葉片就會變硬，香味也會變淡，還會導致葉片枯萎。想要享受長期採收的樂趣，就要剪掉開花的枝節，促進側芽生長。

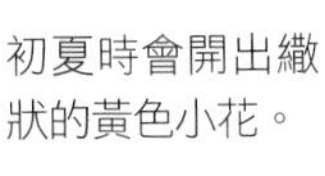

初夏時會開出繖狀的黃色小花。

羅勒

選苗

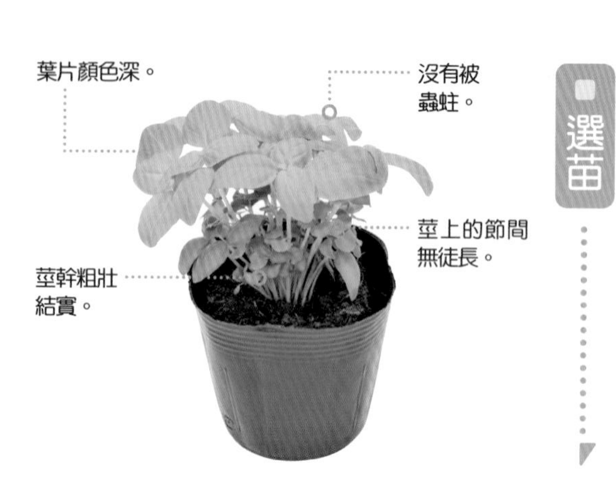

定植

把幼苗種進盆栽內 »P147

在土壤中挖出比黑軟盆還要大一點的洞，把幼苗從黑軟盆取出放進盆栽內，覆土後輕壓，再澆滿水。

疏苗

疏苗至留下三株 »P148

待植株長至 10～15cm 左右，把細小、彎曲的幼苗從底部剪除，只留下三株幼苗。

疏苗前

疏苗後

DATA

科目：唇形科	易發生的病蟲害：青蟲、蚜蟲
難易度：★	盆器尺寸：中型～
栽種場所：日照充足處	
生育適溫：20～25℃	
株間：20～30cm	
連作障礙：有	

・直徑 24cm
・高 21cm

栽種時程　— 定植　— 採收

1	2	3	4	5	6	7	8	9	10	11	12

採收

剪除莖的前端

摘心後，待側芽長出，莖大約留下二節的長度，把前端的葉子剪除。之後等待側芽再長出，便可重複摘心兼採收。

追肥

施肥 »P151

定植後過一個月左右，將肥料施於植株周圍。之後以一個月一次為基準追肥。

摘心

剪除一半的植高 »P150

待植株長至 20～30cm，把約一半高度的部分都剪除。

摘蕾

剪除花芽

開花後葉片會變硬，要趁結花苞時剪除。

POINT

切除位置在側芽的正上方

透過摘心促進側芽生長來增加採收量時，切除的位置必須在「側芽的正上方」。側芽會從葉腋處長出，只要記住「切除莖節上方」即可。

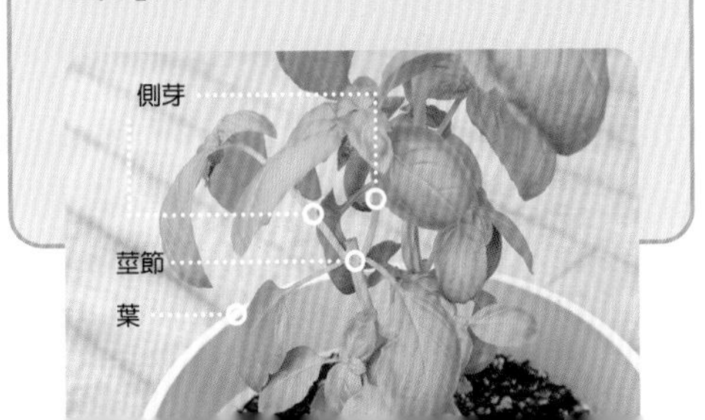

捲葉巴西里

DATA

科目：繖形科	易發生的病蟲害：黃鳳蝶幼蟲
難易度：★	盆器尺寸：小型～
栽種場所：日照充足處	 這裡使用的盆器 ・寬 20cm ・長 18cm ・高 16cm
生育適溫：15～20℃	
株間：15～20cm	
連作障礙：有	

栽種時程　━ 定植　━ 採收

	1	2	3	4	5	6	7	8	9	10	11	12
春												
春												
秋												
秋												

選苗

定植

把幼苗種進盆栽內 »P147

在土壤中挖出比黑軟盆還要大一點的洞，把幼苗從黑軟盆取出放進盆栽內，覆土後輕壓，再澆滿水。

採收

從外葉開始採收

當本葉長至 10 片左右，便可從外葉開始，用剪刀從底部剪下採收。之後以同樣方式進行，便可重複採收。

POINT

採收時保留些許葉片

植株生長到可採收的大小後，若每次只採收當次所需的分量，便可享受長期採收的樂趣。採收時，考量到植株再生，可保留約整體一半的葉片待下次再採。

追肥

施肥

»P151

定植後過一個月左右，將肥料施於植株周圍。之後以一個月一次為基準追肥。

COLUMN

定植時的樣子

把香草合植在一起吧

透過合植，每次都可以使用少量的香草，想要拿來做菜或泡茶等都十分便利。只要將栽種期差不多的香草種在一起，就能同時採收。

這裡用直徑 35cm、高 35cm 的盆栽，合植巴西里、羅勒和紫蘇。

薄荷（胡椒薄荷）

選苗

定植

把幼苗種進盆栽內

»P147

在土壤中挖出比黑軟盆還要大一點的洞，把幼苗從黑軟盆取出放進盆栽內，覆土後輕壓，再澆滿水。

DATA

科目：唇形科	易發生的病蟲害：白粉病、青蟲、蚜蟲、蟎蟲
難易度：★	盆器尺寸：小型
栽種場所：日照充足處	
生育適溫：15～25℃	
株間：30cm	
連作障礙：有	

栽種時程　━ 定植　━ 採收

等待春季來臨時會再長大

雖然地面上的植株在冬季時會枯萎，但到了春季便會萌芽，又能再次長大。冬季期間必須減少澆水次數，基本上，土壤表面乾燥後隔幾天，再澆水澆至盆底流出水即可。

換盆

移出盆栽

可在三～五月，或十～十一月上旬進行換盆。鋪上墊子，把植株從盆栽內取出。

POINT

在春秋季換盆

盆栽底部若有根裸露出來，便是換盆的信號，春秋季就是換盆的最佳季節。不過，薄荷的生長很旺盛，容易盤根，即使盆底沒有根露出來，一年至少也要在春秋季時找時間換盆。

鬆土

依照底部→側面→上面的順序，用細長的棒子弄鬆土壤表面。

摘心＋採收

切除長長的莖幹 »P150

當植株長至 20cm 左右，便可將離底部 2～3 節處的莖切除。

POINT

摘心促進側芽生長

透過重複的摘心兼採收，可促使側芽生長，並使植株更加茁壯。

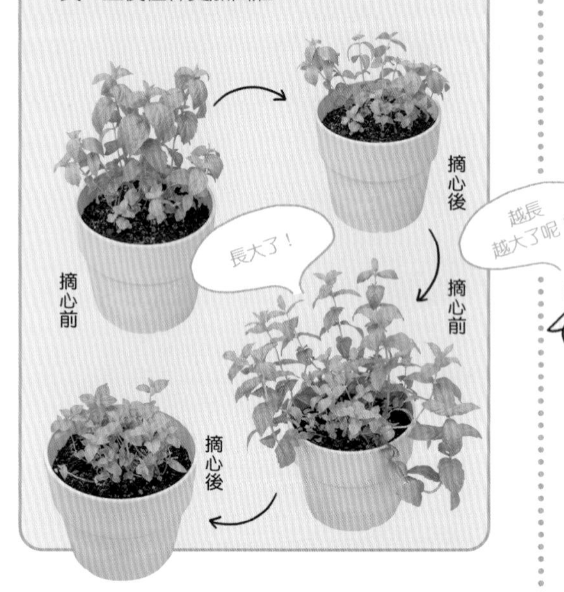

施肥 »P151

到了三～五月左右，將肥料施於植株周圍。之後等到十月下旬～十一月上旬，再次追肥。

重種

在同一個盆栽內倒入培養土，以跟一開始定植一株時同樣的方式栽種，再澆滿水。

攤開根部置入

根若都朝中心放置，很容易在內側盤根，因此需把植株的根部整體攤開置入盆栽內。此外，薄荷喜好微濕的環境，換盆時最好使用保水性佳的蔬菜用培養土。

在八～九月會開出像刷毛形狀，淡粉色或淡紫色的花。

COLUMN

各種品種的薄荷

綠薄荷

跟胡椒薄荷並列為最常見的品種。比起胡椒薄荷，綠薄荷更清香，清涼感也較溫潤，還帶點甘甜。

檸檬薄荷

葉色深綠，香味和清涼感都很濃烈。很適合加進汽水內，是莫西多雞尾酒常會用到的薄荷品種。

日本薄荷

薄荷醇的含量高，常製作成沐浴品或驅蟲精油等食用外的用途。也可用於料理和花草茶。

分株

在植株自然分開的地方用手解開，較硬的部分用剪刀剪斷，分成 2～3 株。

像這樣分株

POINT

要留意從根部冒出的新芽

薄荷很容易從根部長新芽，這些新芽會繼續長大，分株時要小心別切斷新芽。

留下 2～3 節，上半部剪掉。

剪莖

變褐色枯萎的莖從地際處切除，而綠色的莖則保留 2～3 節，上半部全切除。

剪成這麼短

香草類

芝麻葉

■ 選苗

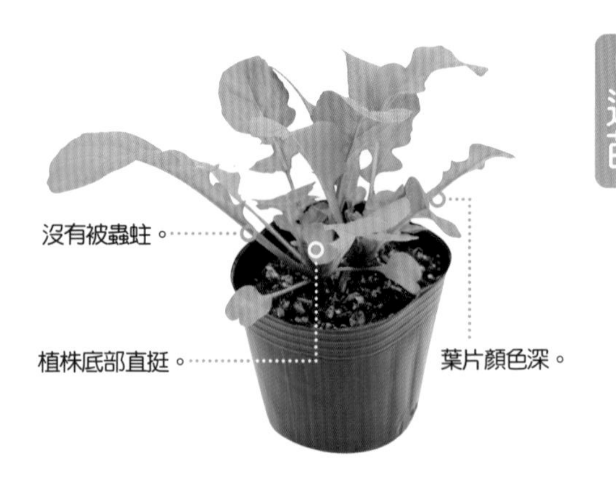

■ 定植

把幼苗種進盆栽內 »P147

在土壤中挖出比黑軟盆還要大一點的洞，把幼苗從黑軟盆取出放進盆栽內，覆土後輕壓，再澆滿水。

DATA

科目：十字花科	易發生的病蟲害：青蟲、蚜蟲、斑潛蠅
難易度：★	盆器尺寸：大型
栽種場所：日照充足處	
生育適溫：15～20℃	
株間：15～20cm	
連作障礙：有	

・直徑 24cm
・高 22cm

栽種時程　— 定植　— 採收

1	2	3	4	5	6	7	8	9	10	11	12

春、秋

採收

整株採收

外葉採收數次後，用剪刀從植株底部把整個剪下來。

春天要盡快採收

春植易抽苔，一旦抽苔，莖葉都會變硬。只要長出花苞便是準備要抽苔的信號了，要趁早採收整個植株。

會開出像風車般的白花。花也能食用，和葉片一樣帶有芝麻味和嗆辣感。

採收

從外葉開始採收

當植株長至 15cm 左右，便可從外葉開始，用剪刀從底部剪下。

POINT

保留些許葉片，可延續採收

植株生長到可採收的大小後，若每次只採收當次所需的分量，便可享受長期採收的樂趣。採收時，考量到植株再生，可保留約整體一半的葉片待下次再採。

追肥

施肥 »P151

定植後過一個月左右，將肥料施於植株周圍，稍微撥鬆土壤表面使兩者混合。之後以二～三週一次為基準追肥。

迷迭香

選苗

莖幹與葉片都很健壯。

莖上的節間無徒長。

下葉無枯萎。

植株底部直挺。

(!) 依照栽種的方式不同，有分成直立型（往上生長）、匍匐型（橫向生長）和半匍匐型（往斜上方生長）。盆栽栽培建議種直立型。

定植

把幼苗種進盆栽內 »P147

在土壤中挖出比黑軟盆還要大一點的洞，把幼苗從黑軟盆取出放進盆栽內，覆土後輕壓，再澆滿水。

摘心+採收

剪除長長的枝節 »P150

定植後過一個月左右，當枝節長長後，便可摘心兼採收，將枝節剪去 10cm 左右。

POINT

摘心促進側芽生長

透過摘心兼採收，可促進側芽的生長。

DATA

科目：唇形科	易發生的病蟲害：白粉病、青蟲
難易度：★	盆器尺寸：小型～
栽種場所：日照充足處	
生育適溫：15～20℃	
株間：20～30cm	
連作障礙：有	

・直徑 18cm
・高 18cm

栽種時程　— 定植　— 採收

1	2	3	4	5	6	7	8	9	10	11	12
	春							秋			

(!) 植株只要長高到 20cm 左右便可隨時採收。

換盆

移出盆栽

可在三～五月，或十～十一月上旬進行換盆。鋪上墊子，把植株從盆栽內取出。

POINT

栽種前兩年，每半年換一次盆

迷迭香生長旺盛，第一～二年時必須每年於春秋季各換盆一次，第三年後則以每二年一次為基準換盆。季節來臨時先確認一下盆栽底部，在有根露出來的時候換盆。

鬆土

依照底部→側面→上面的順序，用細長的棒子弄鬆土壤表面。

植株長大後便可隨時採收

當側枝（長大的側芽）長大至 20cm 左右，便可隨時採收。必要時可在枝尖摘心，促進側芽生長，讓植株繼續長大。採收時，考量到讓植株再生，可保留原本 2/3 的植株。

追肥

施肥 »P151

到了三～五月左右，將肥料施於植株周圍。之後等到十～十一月上旬，再次追肥。

保留綠色葉片

迷迭香長得很大時，下方的莖幹會變硬和轉成褐色，像是木頭一樣（木質化）。木質化的莖不易長出葉片，若枝節剪過頭很可能會導致枯萎。因此剪枝時，要留意把還長有葉片的植株保留一半下來。

用剪下的大量枝節做成吊掛花束

換盆時剪下的迷迭香，可做成吊掛花束，既能作為裝飾品又可順便使其乾燥。之後能摘下來當乾香草使用，還能兼具室內裝飾，是非常推薦的保存法。要做烘烤料理時，比起新鮮的香草，添加乾香草更能維持住香氣。

重種

在同一個盆栽內倒入培養土，以跟一開始定植一株時同樣的方式栽種。

更換培養土與盆器

換盆時所用的土，最好換成排水性佳的香草用培養土，或是在蔬菜用培養土內混進 2～3 成的小粒赤玉土。由於植株還會再長大，可以換成比原本再大一號的盆器。但若不想把植株養得更大，沿用原本的盆器就好。

從秋季到春季，會開出粉紅色或藍紫色的花。

COLUMN

各種品種的迷迭香

可根據生長方式或花色來挑選迷迭香品種，栽種方法都相同。

直立迷迭香

直立型，往上生長。香氣十足，會開出淡藍色的花。

匍匐迷迭香

匍匐型，會在地上攀爬，或是下垂生長。會開出淡藍色的花。

剪成這麼短

剪枝

留下約 1/3～1/2 高度的植株，其餘全部剪掉。再澆滿水。

POINT

維持枝與根之間的平衡

在換盆鬆土的時候，根也會一併被弄斷一些，所以要將植株剪短一點，維持上下的平衡。透過修剪，也能維持植株的形狀。

盆栽種菜的
基礎知識

土壤的選用

種菜不可或缺的要件之一就是土壤，在這裡會介紹種類差異、選擇方法、再生處理法。此書的蔬菜全都是以適合初學者的培養土栽種為前提，因此也會說明培養土的使用方法。

選擇方法

種菜最起碼要用到兩種介質：栽培用土和鋪在盆底的石頭或土壤。
在此介紹較推薦的類型。

1. 栽培用土

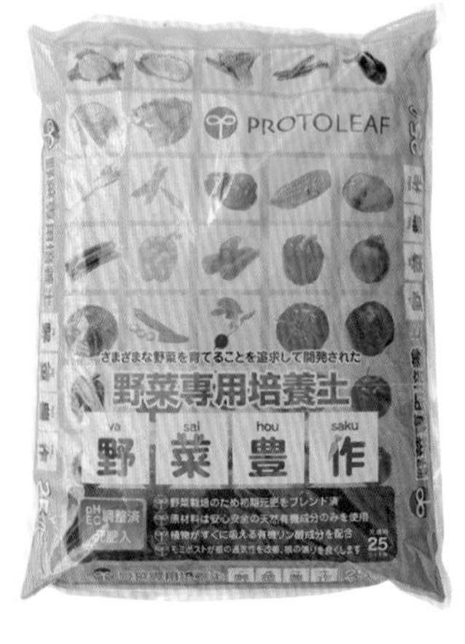

【培養土】

用盆栽來種菜，最推薦使用培養土。培養土是一種和肥料調配過的土。市面上售有「蔬菜專用」和「花卉與蔬菜兩用」等款式，挑選時只要外袋上有標註「可種蔬菜」即可。不過，最好避開廉價的土壤。

2. 鋪在盆底的材料

【鉢底石】

為了讓盆栽底部空氣流通、排水性佳，而鋪在底部的顆粒狀輕石。洗淨後晾乾，便可重複使用。

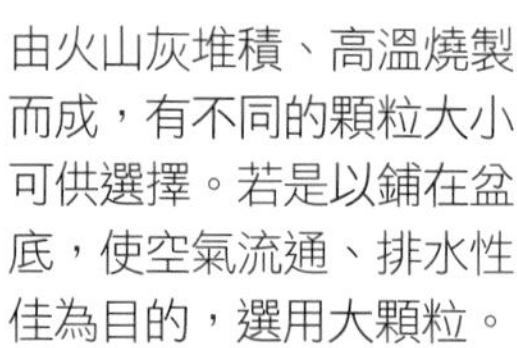

【赤玉土】

由火山灰堆積、高溫燒製而成，有不同的顆粒大小可供選擇。若是以鋪在盆底，使空氣流通、排水性佳為目的，選用大顆粒。

Q 鋪在盆底的材料，鉢底石和赤玉土哪個比較好？

A 雖然鉢底石較赤玉土昂貴，但洗淨後可重複使用是它的優勢。而赤玉土經年累月會崩塌成紅土，土壤中不會混合石頭，可省去篩選的時間。不過當土壤崩塌後，會導致排水不佳，不適合用來種二年以上都沒換盆的蔬菜。

倒土方法

在定植幼苗和播種前，必須先準備好要倒進盆栽內的土壤。以下會介紹倒土順序和重點。

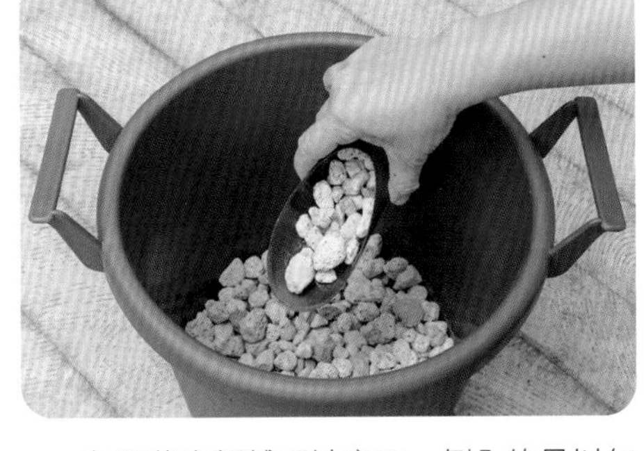

1. 在盆栽底部鋪平缽底石。倒入的量以每個盆栽深度為基準，基本上以看不見盆底即可，起碼要鋪滿 2cm 左右。

也可以鋪赤玉土（大顆粒），用跟缽底石一樣的方法鋪滿即可。

若盆底的排水孔過大，可能會使缽底石掉出來時，先鋪上盆底網，再鋪缽底石。

如果想要在栽種後更方便於清理盆栽，可以把缽底石裝進網袋內再放入盆栽中。有市售專用的網袋，也可用洗衣袋或廚房水槽濾網來取代。

2. 將培養土倒至盆栽邊緣下方 3cm 處。

如果培養土倒得太滿，澆水時要慎防土壤流出。

Q 栽種時土壤變少要追加嗎？

A 澆水至盆栽時因土壤密度變小，看起來似乎有變少，而有些可能會從盆底流出，或經風雨摧殘流失，所以栽種過程中，土壤流失是難免的，不會引發太大的問題。但若造成根部裸露、植株搖晃不穩，便可適時補土。

舊土的處理方法

種完一輪蔬菜後若想直接再種下一輪，建議要使用新的培養土，以免影響下一輪蔬菜的發育。或許有人會覺得把用過的土丟棄很浪費，或不知如何處理，可參考以下方法。

〖再生〗

要處理舊土的前幾天便停止澆水，讓土壤充分乾燥會便於作業。

1. 留下一截不要再種的蔬菜莖幹。

2. 把盆栽放在攤開的墊子上，握住莖幹連土往上拔。

3. 用園藝鏟從土壤側面慢慢撥鬆土壤。

4. 土壤全撥鬆後，把纏繞著根的土過篩。

主要目的是把土壤、缽底石和粗大的根區別開來，最好使用網目較大的篩網。這裡是使用1cm寬的網目。

5. 把舊土都過篩後，清除根、莖和蟲子。

6. 篩網上的缽底石可洗淨後再利用，其餘的根則丟棄。

7. 清除舊土中較大的根部，若有細小的根部混在其中則毋須在意。

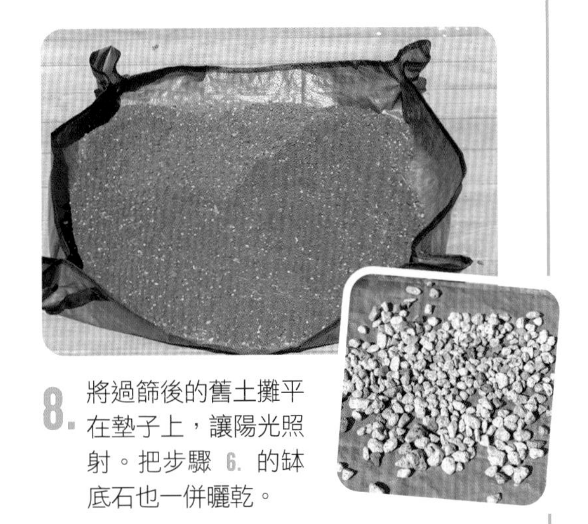

8. 將過篩後的舊土攤平在墊子上，讓陽光照射。把步驟 6. 的缽底石也一併曬乾。

再生土含有堆肥和肥料成分，可改良舊土品質。使用一定比例與舊土混合後，便可回到能再次栽種作物的狀態。

9. 把市售的再生土混入經過陽光曝曬的舊土（按照包裝袋的分量混合）。

再生過的土不得再種同科的蔬菜。而且其狀態無法和全新培養土相比，種出來的蔬菜品質不一定會好。

10. 若沒有要馬上使用，可裝進厚垃圾袋內，並寫上種過的蔬菜科名。綁緊袋口，保存在陽光無法直射的陰涼處。

〔 丟棄 〕

請業者來回收

可以請專門業者來回收，少量的話也可請清潔隊回收，請自行洽詢居住區域的清潔隊。

撒在自家庭院

若家裡有庭院，可直接撒在自家庭院內。丟棄在公園或空地屬於違法行為，絕對不可亂丟。

Q 為什麼無法直接使用舊土？

A 乍看之下，舊土跟新土沒什麼不同，我能體會想直接使用的心情。但其實土壤的結構已變質，排水性、保水性和通風性都變差，而且還有病蟲害和肥料成分不均的可能。若不處理、直接使用，下一輪要種的菜可能也養不好。既然都要種了，若栽種到一半就病懨懨的豈不是很可惜，建議還是用新的培養土來重新栽培會比較好。

肥料的選用

肥料也就是蔬菜的「糧食」。定植或播種時所用的培養土的內含養分，在一～二個月便會用盡，必須進行追肥。在此介紹本書使用的肥料種類和施肥方法。

選擇方法

在各式各樣的肥料中，最推薦的是緩效型和速效型的化學肥料。
它們有以下的優點，而本書也都使用這兩種。

優點 »
- ✓施肥的量一目瞭然。
- ✓已調配好植株生長所需的營養素，方便直接使用。
- ✓無臭無味，陽臺菜園也可輕鬆栽種。
- ✓價格便宜。
- ✓不易失敗。

【速效型肥料】

藥效即時快速，但效果不持久。本書只有從生長到採收期短的蔬菜（葉菜類為主）才會使用速效型肥料。

有效期限 二～三週 施肥方法、次數 P151

【緩效型肥料】

藥效期長，效果可持續很久。對栽種期長的蔬菜來說，可減少施肥次數相當方便。本書的蔬菜主要使用緩效型肥料。

有效期限 約一個月 施肥方法、次數 P151

Q 肥料袋上的數字代表什麼意思？

A 以圖片為例，肥料袋上寫的英文與數字「N-P-K=8-8-8」，是指每 100g 的肥料中，N（氮）、P（磷）、K（鉀）各自的含量。8 即代表每 100g 含有 8g（8%）的意思。

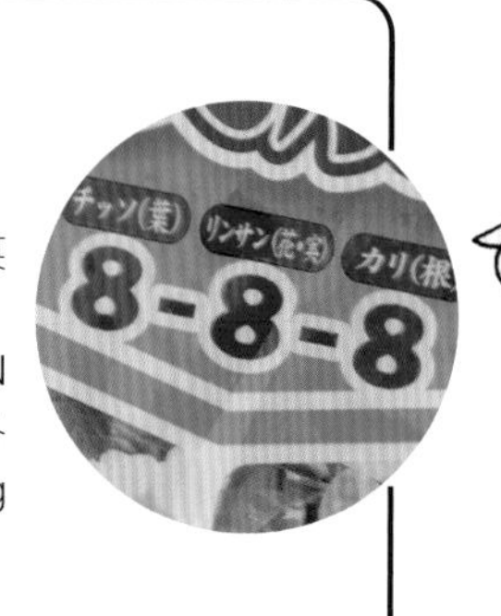

很常在園藝店看到這些數字耶～

▷種類

肥料有各式各樣的種類，大致上分類如下。

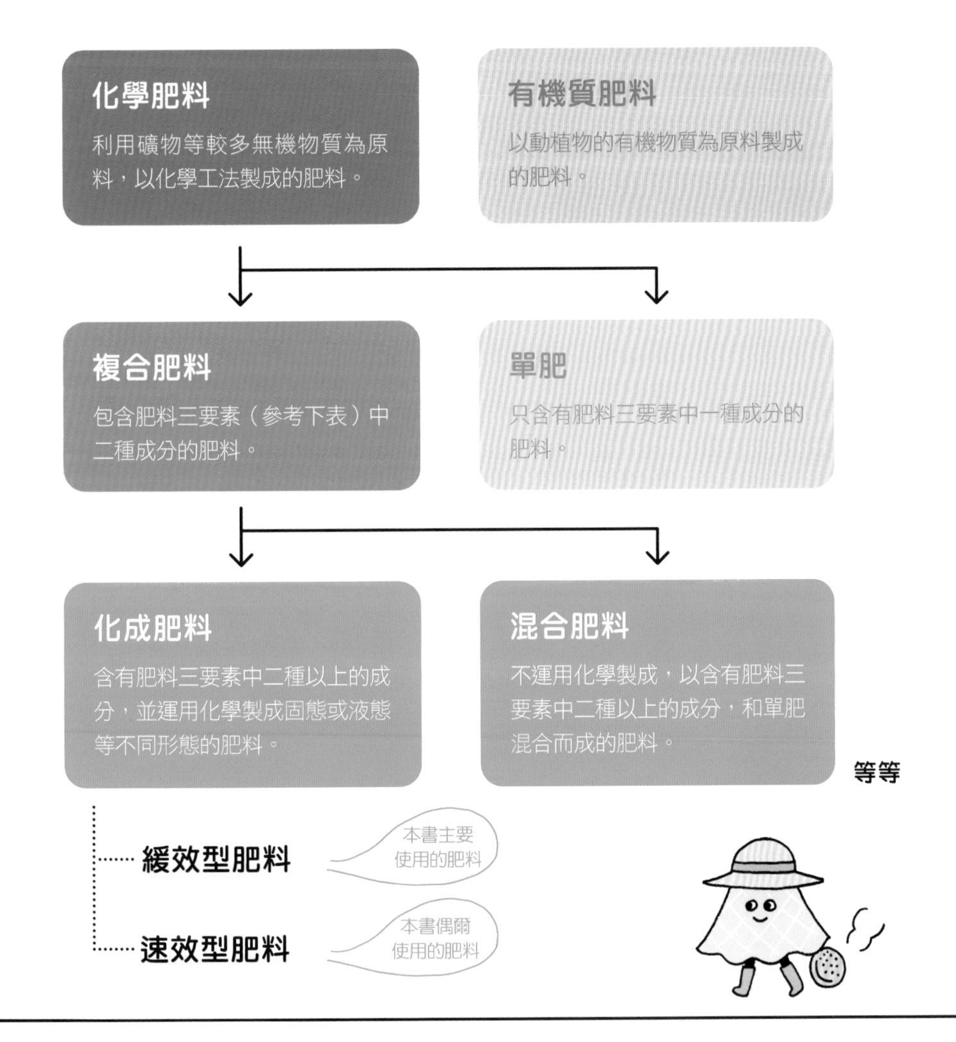

COLUMN

植物生長必需的三大營養素

植物從土壤吸收各種養分才能茁壯，而其中最重要的營養素就是氮、磷、鉀，又稱為「肥料三要素」。市售肥料大多都含有這三要素的其中幾項或是全都包含。

氮

葉片與莖幹不可或缺的養分，也稱作「葉肥」。若氮不足，植株就只會長小片的葉片，葉色也會很淡。

磷

花朵和果實不可或缺的養分，也稱作「花肥、果肥」。若磷不足，花的數量會減少，果實也會營養不良。

鉀

根部生長不可或缺的養分，也稱作「根肥」。若鉀不足，葉尖及周圍易枯黃，也易受到病蟲害的侵襲。

播種

栽種期短的葉菜類、不適合移植的根莖類，一般都是以播種的方式栽種。雖然有許多不同的做法，但這裡只介紹本書會使用的兩種方法。

選擇種子

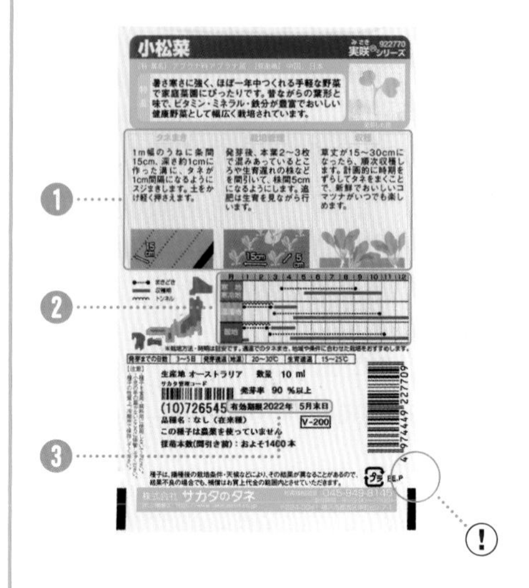

【包裝袋的重點資訊】

❶種植方法

從這點可以決定要買多大的盆栽，還可判斷是否要買種子以外的用品。

❷播種時期

確認購買時期是否正值適合播種的時期。

❸有效期限

選購新的種子。太舊的種子不易發芽。

(!) 請務必從沒有寫菜名的地方開封。沒用完保存下來的種子，之後才不會搞不清楚這是什麼蔬菜。

Q 蔬菜種類多到不知該種什麼？

A 可以參考種子包裝上寫的標語，來選擇喜歡又適合的蔬菜。例如，寫有「很好種」，對初學者來說就很放心；其他還有「栽種期短」、「採收期長」、「不易生病」等等特徵，可供考慮；或是「可生食」、「無異味」這類，標註口感特點的類型。

播種方法

〔條播〕

在土壤中做出筆直的淺溝，再播種的方法。適合種植菠菜和小松菜這類植株不會長太大的蔬菜。

可利用支柱壓土做出淺溝！

1. 用手指在土壤上，挖出一條深 1cm 的溝槽。

〔點播〕

配合株間挖洞，再播種的方法。適合種植白蘿蔔這類只培育一株且需要株間的蔬菜。

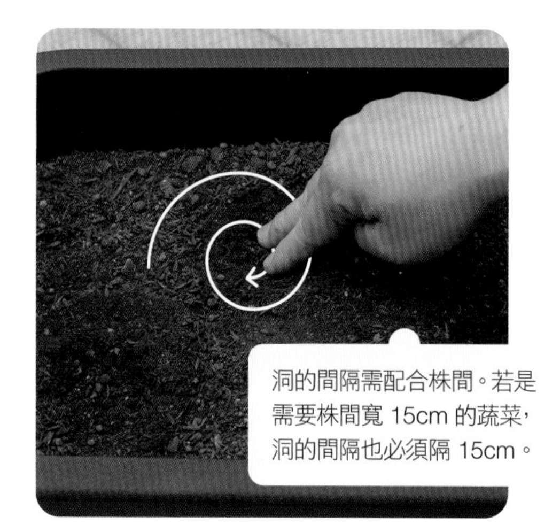

1. 用手指以繞圈的方式挖出直徑 3cm、深約 1cm 的洞。

Q 圓形盆栽要怎麼條播？

A 只要做出圓形的淺溝即可。外側畫大圈，內側畫小圈，便能不浪費空間播種。

以拇指和食指捏住種子，一顆一顆均勻播種在土內。

2. 種子不重疊地放入土裡，儘量等距播種。

3. 將淺溝兩側的土，用手指併攏覆蓋住種子。

4. 輕輕用手按壓土壤，完全覆蓋住種子。

5. 澆水至盆底流出水為止。

Q 剩餘的種子該怎麼處理？

A 反折種子包裝袋口，用食物封口夾夾住，或放進夾鍊袋內冷藏保存，並在有效期限內用完。

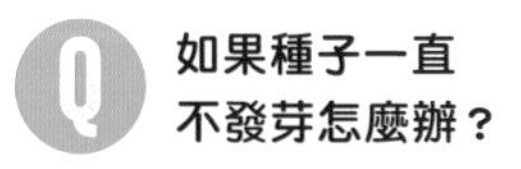

Q 如果種子一直不發芽怎麼辦？

A 種子不萌芽，有可能是氣溫過低、種子太老，或是種子埋太深等各種原因所致，但大致上播種後過一個星期就會萌芽，所以如果過了十天都還沒萌芽，就要考慮重新播種。

2. 在一個洞內種下數粒種子（依不同蔬菜而異）。

3. 將洞口旁邊的土壤覆蓋住種子。

4. 輕輕用手按壓土壤，完全覆蓋住種子。

5. 澆水至盆底流出水為止。

好期待發芽喔～

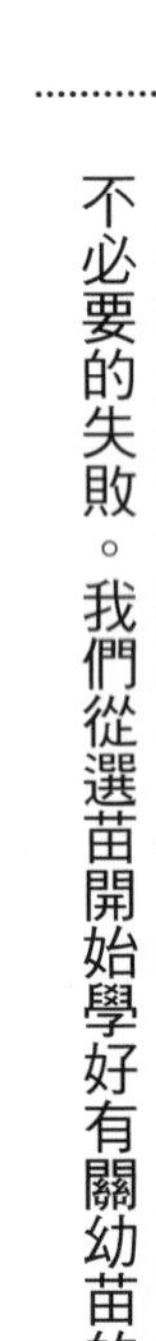

葉片翠綠。

無被蟲蛀的洞，也無變色等病蟲害。

葉片無折損。

無褐色葉片，無枯萎。

葉片結實。避免選缺水（水澆得不夠而枯萎）的植株。

葉與葉的間隔（節間）狹窄。

有長出子葉。

節間距離長，徒長。

莖幹細細長長、軟趴趴的。

葉片是黃色。

葉片枯萎。

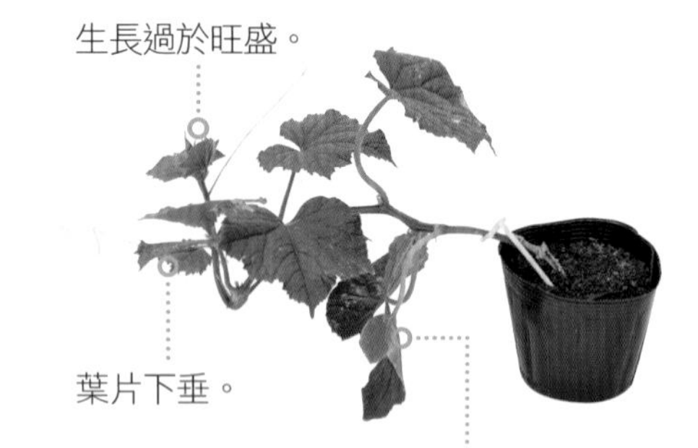

Q 什麼是砧木苗？

A 將不易感染病蟲害及沒有連作障礙的野生種，或把同科目的其他蔬菜作為基底（這稱之為砧木），把想種的蔬菜苗嫁接在上面。雖然價格偏貴，但有不易失敗、好栽種的優點。

Q 品種太多不知該怎麼挑選？

A 可以看幼苗的說明文，是否有寫「不易生病」、「很甜」等作物的相關特徵，根據這些參考說明來挑選喜歡的蔬菜。建議初學者以「好種的」蔬菜為優先，比起味道更該選不易感染病蟲害的作物。也可以找店員諮詢。

定植方法

1. 在土中挖出比黑軟盆還要大一點的洞。

2. 用食指和中指夾住幼苗底部，另一手托住黑軟盆。

注意儘量別傷到根部，不要破壞到土壤。

3. 反向握住幼苗稍微轉動，脫離黑軟盆。

4. 把幼苗種進挖好的洞裡，覆蓋土壤至蓋過原本根團的位置。再輕壓土壤，讓根與土更密合。

注意別把子葉埋進土裡。若子葉埋到土裡了，就表示種太深。

5. 提起整個盆栽在地面上輕敲數次，使土壤平整。

提起盆栽往地面上輕敲，讓空氣排出，使培養土較為密合。可視情況再補足一些土壤。

6. 澆水澆到盆底流出水為止。

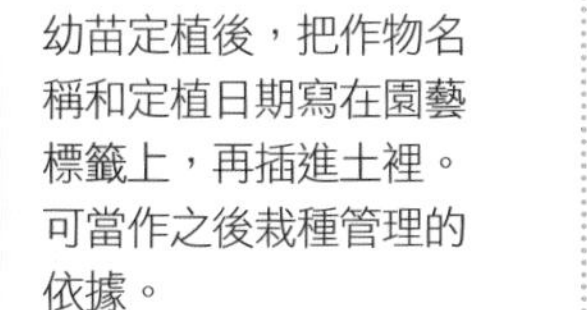

幼苗定植後，把作物名稱和定植日期寫在園藝標籤上，再插進土裡。可當作之後栽種管理的依據。

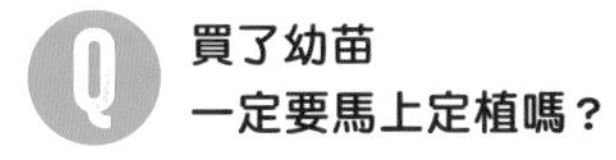

Q 買了幼苗一定要馬上定植嗎？

A 不一定當天買了就要當天定植，但還是盡早定植會比較好。若還沒要定植，因為黑軟盆的土壤較少，水分容易蒸發，要注意澆水的次數和日照是否充足。保管幼苗的環境只要做到和園藝店的狀態相似，就容易照顧。

Q 若比定植適期還早購入幼苗該怎麼辦？

A 一般而言，園藝店內擺放出來的幼苗，都正值定植的最佳時期，但也有些店家會提早販售幼苗。若天氣還處於定植適期前較寒冷的狀態，晚上有必要拿進室內照顧。因為需要費心思特別照顧，最好還是在定植適期再購入會比較妥當。

疏苗

栽種過程中，將那些長得過於密集而影響發育的植株拔除的作業。目的在於只留下健壯的植株，拓寬植株之間的距離，保持日照充足和空氣流通。

1. 植株生長過於密集時，可進行第一次疏苗（疏苗時間點和次數依各作物有所不同，請參考書中各作物的介紹）。為了不傷到留下來的植株，用手指按壓著土壤，再輕輕拔起，然後覆土後輕壓。

疏苗前　疏苗後

2. 進行第二次疏苗。拔除原則和第一次疏苗方式相同。

疏苗前

疏苗後

3. 進行第三次疏苗。拔除原則和第一次疏苗方式相同。此步驟會形成最後的株間距離。

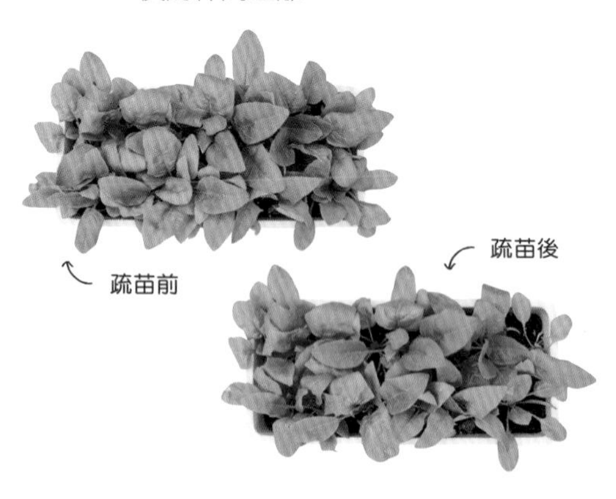

疏苗前　疏苗後

若植株長大至一定程度，用拔的會造成損傷時，改用剪刀從植株底部（地際處）剪掉。

Q 應該要拔除哪些苗？

A 在植株生長密集處，只要看到長得歪斜、孱弱、細小、葉片有傷、被蟲蛀和有折損的都可拔除。反倒是長得直挺、健壯的植株要留下來。

Q 拔下來的苗可以吃嗎？

A 這些被拔除的苗都很嫩，可以食用。做成沙拉、涼拌菜或加進味噌湯都適合。

摘芽

把不要的側芽趁還小摘除的作業。透過限制植株的枝數，能保持日照充足、空氣流通，果實才能得到充分的營養。

找出側芽。如圖示，從主枝和葉柄根部長出來的即是側芽。

趁側芽還小，徒手摘除。

摘芽後的樣子。

Q 即使側芽長得很大，也能徒手摘除嗎？

A 若側芽的莖長得很粗，徒手摘除可能會害主枝斷裂，最好用剪刀剪。不過用剪刀很容易感染病菌，必須徹底清潔剪刀後才能使用。

Q 很難分辨出側芽的位置……

A 從葉柄與莖的連結處長出來的即是側芽，只要注意這個地方即可。只要習慣了便很容易分辨，以下列蔬菜的側芽當作參考依據。

摘心

摘心可達到不同的目的。例如為了避免植株過高而不便作業，會切除枝節前端以抑制生長；有時則是為了促使側芽生長，以增加採收量。在此依不同目的來介紹摘心方法。

便於作業而摘心

1. 植株高過支柱的高度。

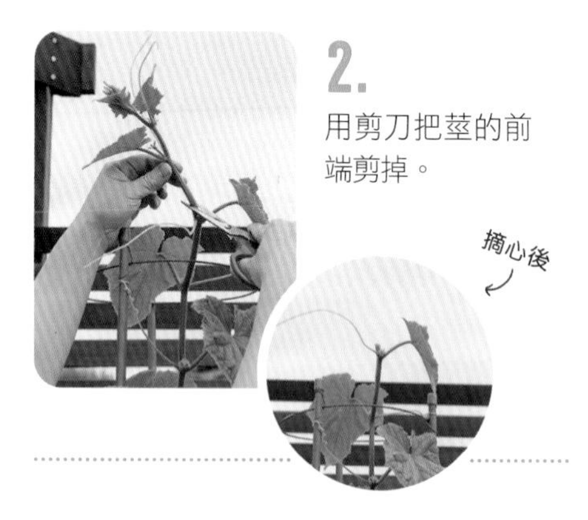

2. 用剪刀把莖的前端剪掉。

讓果實結實而摘心

切除不易結果、結豆莢的藤蔓和莖，讓養分能傳遞至其他植株。以西瓜為例，雌花易生長在子株（側枝）上，此時便要切斷母株（主枝），促進子株生長。

讓側芽長大而摘心

用剪刀剪掉會長出側芽的莖節的上方。

長出側芽，冒出許多嫩葉。

Q 要讓側芽長大而摘心時，應該要從哪裡剪掉前端？

A 主要看你希望把植株塑成什麼形狀來下手。剪高一點會讓植株往上生長；剪低一點會讓植株往橫向生長。若要促進側芽生長，就必須在側芽的正上方摘心。以圖示為例，假設從Ⓐ剪掉，往內側生長的❶便會在內側生長得過度密集；若是從現在剪刀所在的位置剪，❷便會往外生長，長得又高又大。

追肥

在植株生長過程中追加肥料的作業。土裡的肥料在生長過程中會被根部吸收，或在澆水過程中流失，因此需要適時補充肥料。

緩效型肥料（藥效慢、效期長）

追肥進度
以一個月一次為基準。

1. 按照肥料袋上的指示施肥。植物會從根部開始吸收肥料養分，儘量把肥料撒在離植株較遠的位置。

2. 用手指把肥料塞進土裡。

速效型肥料（藥效快、效期短）

追肥進度
以二～三週一次為基準。

1. 按照肥料袋上的指示均勻施肥。若以條狀播種，必須將肥料撒於植株兩側。

2. 輕輕撥鬆土壤表面，與肥料拌勻。

速效型肥料澆水會結塊，追肥時務必與土壤充分混合。

3. 覆土於植株底部，輕輕按壓，以防植株倒塌。

Q 肥料應該撒於何處？

A 肥料會從根部開始被吸收到作物裡，所以只要把肥料撒於根的分布位置即可。一般來說，根部的生長狀態跟葉片類似，可以葉片的生長範圍為基準。根會隨著植株生長而不斷往外擴張，所以起初可施肥在植株周圍，但之後要慢慢往外施肥。

緩效型和速效型的差別請看 P142！

立支柱

會長得很高的作物和果實很重的作物，都必須立支柱防止倒塌。會長藤蔓的作物也要立支柱，使植株維持日照充足與空氣流通。架設方式有很多種，這裡僅介紹本書會用到的方法。

架一根支柱

適用蔬菜

- 不會長太高的蔬菜（像是青椒、青花菜）
- 不讓側枝生長的蔬菜（像是小番茄）

把支柱筆直地插入距離植株 4～5cm 處，並確實插到底。

把支柱和莖幹用繩子綁在一起。

架三根支柱

適用蔬菜

- 枝節會往四面八方生長（像是茄子）
- 隨著植株生長，一根支柱不夠支撐（像是獅子唐青椒、辣椒）

參照「架一根支柱」的步驟，先架起一根支柱。

待植株生長後，在長出來的枝節附近，斜斜地插入二根補強用的支柱。

把枝節和斜插進去的支柱用繩子綁起來。

4.

完成。

架圓形支柱

適用蔬菜

- 爬藤蔬菜（像是小黃瓜、苦瓜）

1.

把圓形支柱插進盆栽內。圓環安置於恰當的位置。

2.

雖然藤蔓長出來後會自然攀上支柱，但必要時還是要適時誘引至圓環，或是用繩子束起。

▷架支柱＋繩索

適用情況

・需要配合盆栽的形狀
・不想用市售的圓形支柱，想自己 DIY

自製圓形支柱感覺很有趣

〖 四角形盆栽 〗

將四根支柱插進盆栽的四個角。

和圓形盆栽的做法一樣，把繩索繞一圈綁起。

完成。

繩索要在支柱上多繞幾圈，並確實固定。

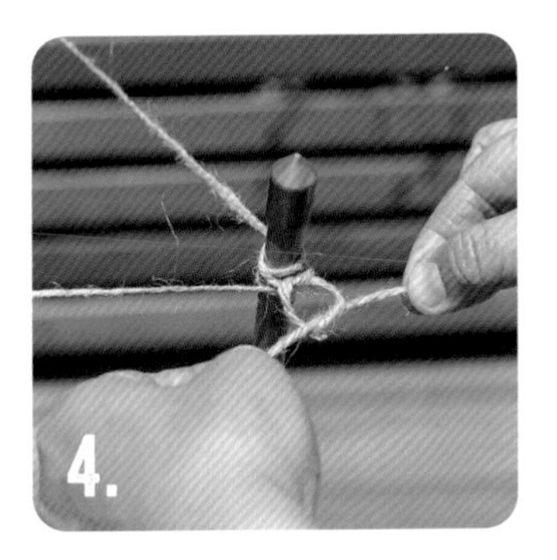

繞一圈回到原本的支柱後，在支柱上多打一個結。

按照相同方式，在不同高度綁繩索，讓上下的繩索間隔 20～30cm（依不同作物而定）。

〖 圓形盆栽 〗

把三根支柱架成三角形，插進盆栽的邊緣。

從支柱最上方往下約 5cm 處，用繩索繞三根支柱一圈。

Q 怎麼選擇支柱的尺寸？

A 考量到作物生長時的高度來選擇支柱長度。而粗細則是以植株的大小和作物是否會結果來做選擇。會結果的作物建議使用粗一點的支柱。

《長度與粗細的標準值》

像是小番茄和小黃瓜這類會長很高的作物

» 150～180cm 長

像是茄子和青椒這類不會長太高的作物

» 約 90cm 長

支柱的粗細也可依照植株生長後的主枝粗細來做挑選。

誘引

將生長中的莖、枝幹和藤蔓，用繩結綁在支柱上的作業。植株會因風雨或果實過重的關係倒塌，藤蔓和葉片糾纏在一塊也會導致日照不足、通風不良，因此要進行誘引作業。

藤蔓的誘引

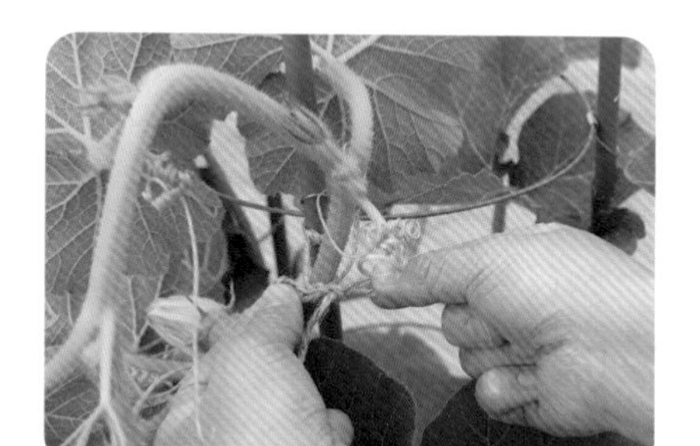

將長長的藤蔓沿著支柱，用繩索打個鬆鬆的結。

可以用繩結把下垂的藤蔓綁在支柱上，或讓藤蔓自然地纏繞在支柱上。

莖的誘引

用繩索在支柱上打個結。

再打個繩結套住莖幹，與支柱間保留點空間綁在一起。繩結打在莖節的位置較不易鬆脫。

Q 要用什麼材質的繩結？

A 有麻繩、鐵絲、尼龍繩，以及夾子式等各式各樣的繩結種類。雖然一般都是用麻繩，但其實用什麼材質都沒關係。不過鐵絲很有可能傷到莖幹，使用時要多加留意。不管用哪種繩結，最重要的是在綁的時候都要小心不傷到莖幹，並綁得鬆鬆的。

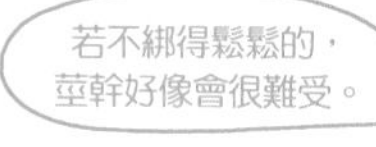

打結的方法

○ 打鬆鬆的結，以免傷到莖幹。

✕ 結綁太緊，莖幹與支柱間無縫隙，會傷到莖幹。

人工授粉

以人工方式讓作物能確實結果的作業。尤其是陽臺菜園，無法確保作物能透過昆蟲自然授粉，自行人工授粉會比較安心。

雄蕊與雌蕊在同一朵花內的情形

用授粉筆輕撫花朵中心。

Q 什麼時候進行授粉？

A 好天氣的早晨。因為花朵隨時都會凋零，最晚不要超過早上九點進行授粉。

Q 如何分辨雌花和雄花？

A 看花的根部便可分辨出來。有鼓起的是雌花，沒有鼓起的是雄花。

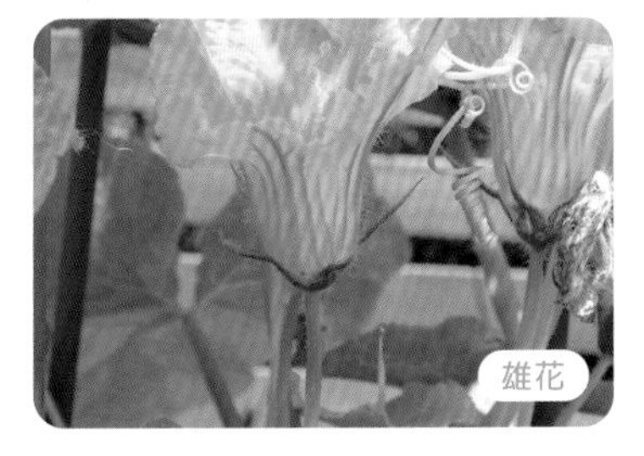

雄花與雌花分開的情形

切除雄花。

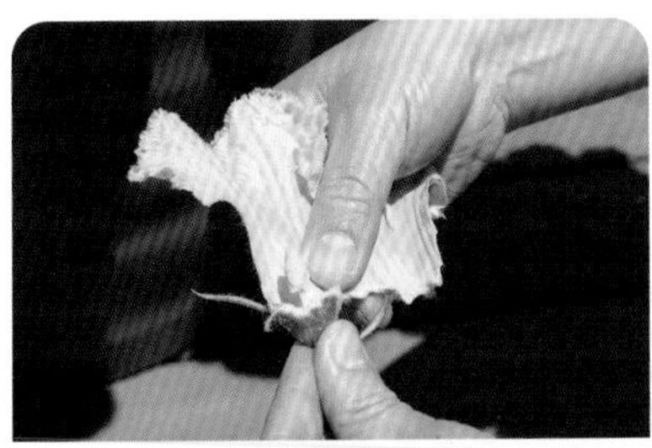

剝除雄花的花瓣，露出雄蕊。

用雄蕊仔細摩擦雌蕊。

病蟲害防治對策

病蟲害情況若持續擴大，往往不是用藥可以治療的，必須丟棄植株。因此最重要的是預防勝於治療。在此介紹該如何預防病蟲害，以及不幸感染時不仰賴藥物的處置方法。

3大基本守則

CHECK 1

保持日照充足與空氣流通

病蟲害易發生在日照不足、通風不良和高溫悶熱的環境，為了讓植株能健康地長大，必須隨著植株成長進行疏苗和修剪，並維持日照充足和空氣流通的環境。

CHECK 2

澆水時不讓土壤噴濺到植株

土裡的病菌和害蟲的卵是造成生病的原因，所以在澆水時，要注意別讓土壤噴濺到植株。

CHECK 3

仔細觀察葉片

預防病蟲害，最重要的是仔細觀察葉片上是否有斑點、葉色的變化、葉片的表裏是否有被蟲蛀等等。如此一來便能即早應對，減少病害或蟲害擴大。

這些對策也有效！

✓種植不易感染病蟲害的品種

一開始買幼苗或種子時，就直接選購註明「不易感染病蟲害」的品種吧。也可以利用砧木苗（→P146）來栽種。

✓發現害蟲立即驅除

看似廢話，卻是處理對策的基本功。若數量很少或害蟲的體積偏大，可以用免洗筷摘除；若數量很多，則直接將葉片或枝節切除丟棄。

✓蓋上網子防止害蟲入侵

網子不僅能防止害蟲，也能預防鳥類侵襲。最好選用有織入銀線的防蟲網，倘若買不到，也可用寒冷紗（織目細小的薄布，沒有織入銀線）取代。

網子的使用方法

〖長得很大株的作物〗

有時市售的組合無法完整覆蓋植株，必須進行改造。這裡介紹用支柱做成骨架，再蓋上防蟲網的方法。

1. 把支柱插進盆栽邊緣。

2. 蓋上網子。

3. 把網子包住盆栽，並用橡皮繩套住盆栽後綁牢。

4. 完成。

〖不會長太大的作物〗

利用防蟲網和園藝鐵絲的市售組合品，可輕鬆架設完畢。也可運用手邊既有的細紗網，改造一下再覆蓋植株。

1. 將園藝鐵絲插入盆栽內。

2. 蓋上網子。

3. 把附加的橡皮繩套在盆栽側邊。

4. 完成。

POINT

防蟲網會長期覆蓋著植株，所以必須掀開網子才能澆水。有些人可能覺得麻煩，不掀開網子就澆水，但這樣的話，水分可能無法傳送到植株底部。最好能掀開網子，用澆水壺充分灑水。

尤其是十字花科的作物容易受到青蟲侵襲，特別需要蓋上網子喔！

常見病蟲害與處理對策

病害名・害蟲名	症狀	對策
白粉病	葉片與莖幹的表面會出現點狀白色黴菌，接著便會擴散成像被白粉覆蓋一樣。易發生在高溫乾燥的時期，會導致植株發育不良及葉片枯黃。	葉片出現初期症狀時可切除丟棄。應避免用手拍落白粉讓胞子飛散使侵害範圍擴大。
白銹病	葉片背面出現白色小斑點，接著斑點破裂、胞子飛散形成感染源。長斑點的葉片表面會開始褪色，侵害範圍擴大而開始枯萎。	葉片出現初期症狀時可切除丟棄。將植株放在空氣流通處，維持適當的株間距離，不形成潮濕的環境。
蔓枯病	莖會變成黃褐色，放置不管還會變軟，表面長滿點狀黑色黴菌。從葉緣開始變成扇形的褐色，乾枯後硬化成灰白色，還長滿黑色黴菌顆粒。最後植株整體會枯萎。	出現症狀的部位在初期可切除丟棄。病菌好發於潮濕環境，須留意讓植株處在排水性佳、空氣流通的環境。
灰黴病	在果實及葉片上會出現褐色斑點，接著長出灰色的黴菌。	發病後立即摘除。此病好發於日照不足和潮濕的環境，須把植株放置在日照充足、空氣流通處。病原可能會經由落葉及果實傳染出去，要仔細清除。
細菌性斑點病	初期階段會在葉片出現褐色的小斑點，最終斑點會沿著葉脈逐漸擴大。接著顏色轉白，葉片變薄還有破洞。	葉片出現初期症狀時可切除丟棄。病菌好發於潮濕環境，須留意讓植株處在排水性佳、空氣流通的環境。
露菌病	當葉片表面出現淡黃色的斑點，接著轉褐色，那一部分的葉片背面已開始發霉、枯萎。發病於葫蘆科和十字花科的作物，會沿著葉脈生長，斑點呈現角斑狀。	葉片出現初期症狀時馬上切除丟棄。病菌好發於潮濕環境，須留意讓植株處在排水性佳、空氣流通的環境。
嵌紋病	葉片有一部分會褪色形成馬賽克花紋，葉片撕裂變形。	植株出現初期症狀時馬上拔除丟棄。用剪刀剪除病灶後，須消毒避免造成傳染。蚜蟲是傳染病毒的媒介，因此也須驅除。
青蟲	綠色的毛毛蟲，是紋白蝶的幼蟲。十字花科的作物易受害，葉片會被蛀成大洞，甚至會被吃光只留下葉脈。	紋白蝶盛產於春至秋季，為避免紋白蝶在葉片上產卵，可預防性蓋上防蟲網。仔細確認葉片上是否有幼蟲，或是有小顆粒狀的糞便掉落，一發現要立即丟棄。
蚜蟲	易群聚於新芽、葉片、花朵及果實上吸取汁液。數量一旦增加會導致植株變孱弱。也會成為傳播病源的媒介。	驅除時要墊一張紙，避免掉進土裡。蚜蟲厭光，還有會聚集在黃色物品上的習性，除了能鋪上鋁箔紙，也能活用會發光的膠帶和黃色黏蟲板等驅蟲工具。
黃守瓜	身上帶點橘色的黃色甲蟲，身長約7mm。好發於葫蘆科作物，會以畫圓的方式吃掉葉片。	蓋上網子事先預防，一發現要立即驅除。
椿象	形狀宛如烏龜，一碰到牠會發出惡臭。會吸取葉片、莖和果實的汁液，造成不小的災情。尤其是會吸取毛豆稚嫩的豆莢汁液，影響到豆莢的生長。	蓋上網子事先預防，一發現要立即驅除。
黃鳳蝶幼蟲	身上有綠黑條紋的毛毛蟲。蠶食葉片的量非常大，會吃到只剩葉脈。尤其以繖形科的作物易受侵害。	蓋上網子事先預防，一發現要立即驅除。
粉蝨	體長1～2mm的小白蟲。會從葉背開始吸汁，使植株變虛弱，導致發育不良。也會成為傳播病源的媒介。	沒有明確的驅除方法，只能用心預防。粉蝨有好黃光的特性，利用黃色黏蟲板也是一種方法。
菜心螟	體長約2cm，黑色的頭部，背面有褐色條紋。會潛入果實裡或長出新葉的部分（生長點）侵蝕內部。	沒有明確的驅除方法，只能用心預防。蓋上網子，預防成蟲入侵及產卵也是一種方法。
細蟎	體長0.2mm，是體積非常小的蟎蟲同類，會吸取新芽和葉片的汁液，也會傷及果實的花萼。還會使葉緣往內蜷曲、葉背轉成帶點光澤的褐色，使植株無法冒新芽，呈現畸形、果實乾裂等不小的災害。	沒有明確的驅除方法，只能用心預防。蟎蟲怕水，用水沖洗也是一種方法。
蛞蝓	會將葉片和果實削下來食用，還會鑽洞。	一發現要立即驅除。蛞蝓喜好盆底的潮濕環境，所以盆栽底下一定要墊盛水盤。蛞蝓也喜歡果皮，在淺盤放滿果皮引誘牠們聚集也是一種方法。
二十八星瓢蟲	如其名，身上有28顆斑點。會侵蝕葉片，導致發育不良。	一發現要立即驅除。蓋上網子，預防成蟲入侵及產卵也是一種方法。外觀有點相似的七星瓢蟲，則會吃蚜蟲，要注意不要捕殺錯誤。
薊馬	體長1～2mm，呈細長形，成蟲為褐色、幼蟲為淡黃色。會吸取葉片汁液，受到侵害的部位會變成白色，有點像是擦傷的痕跡。	蓋上網目細小的網子來預防。
蟎蟲	體長約0.5mm的紅色小蟲，會噴出如蜘蛛網般的細線。會從葉背開始吸汁，葉片褪色後會長出白色斑點。一旦傷害擴大，葉片整體會轉白，導致發育不良。	喜好高溫乾燥，儘量維持空氣流通。蟎蟲怕水，也可在葉背噴點水。在葉片底下墊張紙，輕拍葉片讓蟎蟲掉在紙上也不失為一種方法。
捲葉蟲	會將葉片捲成圓筒狀，從內部啃食葉片。當侵害範圍擴大，葉片上的洞越來越多，終將導致葉片枯萎。	一旦發現葉片開始蜷曲，小心把葉片攤開不讓幼蟲掉落後捕殺，或是直接把葉片摘除、捏扁驅蟲。蓋防蟲網預防也是一種方法。
斑潛蠅	會潛入葉片中，從內部啃食葉片，從葉片表面會看到白色的紋路。別名為「鬼畫符」。若災害還很輕時毋須過度在意，不過當災害擴大，會導致葉片變白枯萎、發育不良。	幼蟲躲在白色紋路的前端，從上方用手指直接捏扁。

用語集

＊按國語注音符號排序

□ㄅ～ㄈ

本葉
繼子葉後長出來的葉片。

匍匐莖
從母株上長出來在地面匍匐的莖。常見於草莓和薄荷。

匍匐莖母株
蔓性植物從子葉間長出來的第一條藤蔓。

匍匐莖子株
從母株與葉間長出來的側芽，之後會成為藤蔓。而子株的側芽叫作孫株。

培養土
栽種植物的土。一般都是直接使用把不同性質的土、堆肥或是肥料混合過後製成的土。

覆土
把土壤聚攏到植株底部的作業。

□ㄉ～ㄌ

地際處
植株靠近地面的部分。義同「植株底部」。

多年生植物
可生長超過二年以上的植物。一年內便會枯萎的植物稱為「一年生植物」。

第一朵花
植株第一朵開的花。

第一顆果實
開花後第一顆結的果實。

頂花蕾
從植株中心（頂部）長出來的花蕾。

點播
播種的方法。挖出等距的洞，在裡面撒下數粒種子。

條播
播種的方法。挖出筆直的淺溝，在裡頭播下種子。

徒長
莖上的節間變得細長且羸弱，導致生長緩慢的情況。這可能是由於日照不足、高溫、株間狹窄、肥料過多或過少造成的。

連作
在同個地方種同種或同科作物。連作較易發生病蟲害，且土壤的養分不足易導致作物發育不良，此情況稱之為「連作障礙」。

□ㄍ～ㄏ

更新修剪
在採收後，把長出發育不良果實的植株修剪掉。如此一來，便能重新長出健康的枝節。

冠狀莖
位在植株底部肥厚的短莖。

根團
把植物從黑軟盆或盆栽內取出，附著在植株根部的土。根和土硬化成一體，形成黑軟盆或盆栽的形狀。

根瘤菌
寄居於土壤中的一種微生物。會棲息於豆科作物的根部，形成像瘤一般的顆粒。在植物行光合作用時獲取養分，取而代之，也會把從空氣中獲得的氮素供給植物以此共生。

好光性種子
照光能促進生長的種子。

花穗、果穗
成串聚生的小花與果實。

花蕾
義同「花苞」。青花菜、白花椰、青花筍的食用部位。

□ㄐ～ㄒ

剪枝
修剪長長的枝節與莖幹。透過修剪可以讓底下更健壯的枝與莖長大。

結球
葉片往內捲，重疊成圓球狀。像是高麗菜、結球萵苣和白菜等作物。

節
莖幹上長出葉片的部位。節與節之間的距離稱為「節間」。

□ㄓ～ㄖ

主枝
子葉間第一枝長出來的枝節。整體粗壯，是植株的中心。

株間
植株與植株間的距離。

砧木苗
把不易感染病蟲害且生長旺盛的植物品種作成砧木，當成基底，把想種的作物嫁接到上面的幼苗。

追肥
於栽種過程中施予不足的肥料。

植株底部
植株最靠近土壤的部分。與「地際處」同義。

摘心
把枝節、莖和藤蔓前端（這裡就叫作心）摘取下來的作業。

摘芽
趁不需要的芽還小，進行摘除的作業。

摘蕾
趁花朵剛結花苞時摘取下來的作業。

摘花、摘果
趁花朵和果實還小（稚嫩）時便摘取下來的作業。

摘除下葉
清除植株下部的葉片。

整枝
趁側芽還小時進行摘除、摘心、切除植株生長密集處的枝節等作業，調整枝節和藤蔓的長度、數量與生長方向。

抽苔
長花芽的莖迅速生長之意。

生長點
指植物的根、莖前端原本就有細胞分裂旺盛的部位。

疏苗
發芽後，拔除生長密集處植株的作業。優先把發育不良的植株拔除。又稱為「間拔」。

人工授粉
藉由人類的手讓雄蕊的花粉沾附在雌蕊上面。

容水空間
讓澆下的水暫時囤積的空間。把土壤倒進盆栽時，土壤要低過盆栽邊緣約數公分，這樣澆水時，可防止土壤隨水流失。

□ㄗ～ㄙ

子房柄
長出子房（雌花根部鼓起處）的部位。主要是指在落花生授粉後，會長出細細長長像根一樣的東西，並潛入土壤裡。

子葉
發芽後第一片長出來的葉子。只有一片子葉的植物叫作「單子葉植物」；二片的為「雙子葉植物」。

側芽
從莖節冒出來的芽。

側枝
從主枝與葉片連結處長出來的側芽，最後長成枝或莖的部位。

側花蕾
從側芽長出來的花蕾。

□ㄧ～ㄩ

誘引
把莖、枝和藤蔓，用繩子固定在支柱上的作業。

育苗
在黑軟盆內播種（或是用枝插和芽插等方式），培育至可以移植到盆栽或田地裡的大小。

台灣廣廈國際出版集團 Taiwan Mansion International Group

國家圖書館出版品預行編目（CIP）資料

好種易活!盆栽種菜全圖解：無農藥、安心吃!全年栽種時程表×55種蔬菜培育祕訣,新手也能四季都豐收! / OZAKI FLOWER PARK監修. -- 初版. -- 新北市：蘋果屋出版社有限公司, 2024.03
面； 公分.
ISBN 978-626-7424-07-0（平裝）
1.CST: 蔬菜 2.CST: 栽培 3.CST: 盆栽

435.2 113000324

好種易活！盆栽種菜全圖解

無農藥、安心吃！全年栽種時程表×55種蔬菜培育祕訣，新手也能四季都豐收

監　修／OZAKI FLOWER PARK
譯　者／李亞妮
編輯中心副總編輯／蔡沐晨．**編輯**／許秀妃
封面設計／曾詩涵．**內頁排版**／菩薩蠻
製版．印刷．裝訂／東豪．弼聖．秉成

行企研發中心總監／陳冠蒨
媒體公關組／陳柔彣
綜合業務組／何欣穎
線上學習中心總監／陳冠蒨
產品企製組／顏佑婷、江季珊、張哲剛

發 行 人／江媛珍
法律顧問／第一國際法律事務所 余淑杏律師．北辰著作權事務所 蕭雄淋律師
出　版／蘋果屋
發　行／蘋果屋出版社有限公司
地址：新北市235中和區中山路二段359巷7號2樓
電話：（886）2-2225-5777．傳真：（886）2-2225-8052

代理印務．全球總經銷／知遠文化事業有限公司
地址：新北市222深坑區北深路三段155巷25號5樓
電話：（886）2-2664-8800．傳真：（886）2-2664-8801
郵政劃撥／劃撥帳號：18836722
劃撥戶名：知遠文化事業有限公司（※單次購書金額未達1000元，請另付70元郵資。）

■出版日期：2024年03月
ISBN：978-626-7424-07-0